虽然想死，但还是想吃辣炒年糕

죽고 싶지만 떡볶이는 먹고 싶어

[韩] 白世熙 —— 著
尹嘉玄 —— 译

中信出版集团 | 北京

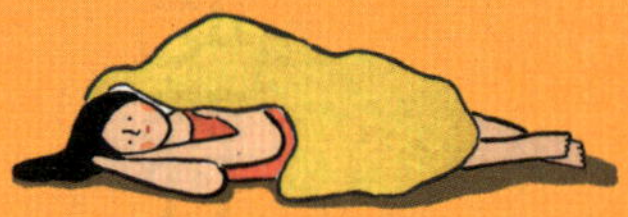

展现内心阴暗面，

也是使自己自由的方法之一。

衷心希望身边的人可以理解，

这样的我也是我。

CONTENTS

目录

自序

明明日子过得好好的，为什么内心却总是感到空虚

若要幸福，就别害怕承认两个事实：一是我们总是感到不幸，二是我们的悲伤、痛苦、害怕都有其存在的理由，这些情感是不能被拆开来单独看待的。

——摘自马丁·佩奇 (Martin Page) 的《完美的一天》

上面这段文字，是我最喜欢也最有共鸣的文字之一。我承受着难以忍受的郁闷，却还是会因为朋友们的玩笑而放声大笑，在一阵嬉笑喧闹过后，内心又会有一股说不上来的空虚，然后因为肚子饿又跑去吃辣炒年糕，这样的自己让我觉得十分可笑。我一直被这种算不上忧郁却也绝对称不上幸福

的无力感所折磨，特别是从不知道这两种情感会同时产生，所以让我更加痛苦。

为什么大家都不会把自己的内心状态诚实地展现出来？难道是因为已经心力交瘁，所以连开诚布公的力气都没有了？我总是感受到内心有一股莫名的饥渴，渴望有人对我的心境感同身受。因此我决定，与其到处寻觅这种人，不如自己先成为那个人。我奋力高举、摇晃着自己的手，告诉大家我在这里，希望和我情况类似的朋友，能因为看到我的案例而感到安心。

这本书收录了患有轻郁症（指不是严重的抑郁症，但有持续性的轻微忧郁）的我接受心理治疗的过程，虽然都是非常私人且琐碎的内容，但这是因为我把重点放在通过具体情境找出根本原因，然后往健康的方向迈进，而不是一味地去压制负面情感。

我很好奇那些跟我一样，外表看似正常，内心却早已千疮百孔，把强颜欢笑当成习惯的人，因为这个世界仿佛只关注极度阳光或极度黑暗的部分，鲜少有人会注意到我这种人。这让我想起过去周围有很多人都不能理解我这种忧郁。到底要糟糕到什么地步，才能获得他们的理解呢？还是这根本不在他们的理解范围内？总之，我希望读者朋友们看完这本书以后，能够恍然发现，“原来不只有我这样”或者“原来世界上真有这种人”。

我认为艺术是可以撼动人心的，它也确实给了我信心，让我相信“就算今天不会是完美的一天，至少也是不错的一天”“就算忧郁了一整天，也会因为一件小事而会心一笑，这就是人生”，以及“展现阴暗面就如同展现开朗面一样，是再自然不过的事情”。我按照我的方式进行艺术创作，我想要不带任何私心地走入读者的内心深处。

白世熙（백세희）

相信就算今天不会是完美的一天，

至少也是不错的一天；

相信就算忧郁了一整天，

也会因为一件小事而会心一笑，因为这就是人生。

第 1 周

我只是有点忧郁

不是只有看到幻象、听见幻听、自残才叫生病，就好比轻微的感冒也会使人感到全身不适一样，轻度的忧郁也会使我们的精神感到不舒服。

我从小就是个内向、心思细腻的人，虽然记忆已经有点模糊，但是通过小时候写的日记，也不难发现自己是个不那么积极正面的人，很容易多愁善感。其实直到上了高中以后，我的忧郁症才真正开始变严重，当时的我辍学了，后来也没上大学，所以感觉前途渺茫，心情自然会比较忧郁，但是后来发现，尽管我已经修正了自己想要改变的部分（减肥瘦身、上大学、谈恋爱、交朋友），也还是一样郁郁寡欢。当然，并不是每天都深陷在这样的情绪当中，只是偶尔会遇到心情低落的时候。有时候会感到郁闷，有时候也会幸福地睡着。感受到压力的时候会消化不良，忧郁的时候会暗自哭泣。我只是觉得也许自己就是天生忧郁的人，没想太多，内心却变得越来越阴暗。

我对人的恐惧日渐加深，尤其是在陌生情况下，会出现更严重的焦虑，但我都掩饰得很好，没有让任何人察觉。我以为自己已经没事了，于是更加鞭策自己，结果心理负荷到达了临界点，再也承受不了这股忧郁，所以才决定接受心理咨询。一开始很紧张，也很害怕，但最终我放下内心的恐惧，走进了诊室。

医生 为什么会想要接受心理咨询？

我 嗯……该怎么说呢，就是觉得有点忧郁。我是不是应该说得更仔细一点？

医生 可以的话当然好喽！

我 （我打开手机备忘录，把事先记录在上面的内容告诉医生）我有很严重的比较心理，拿自己和他人做比较后会有自虐行为，还有低自尊感的问题。

医生 你想过是什么原因吗？

我 低自尊感应该是因为我的原生家庭。我从小就经常听我母亲说“我们家很穷、没有钱”，我们一家五口，共同生活在一套只有六十平方米的房子里。我们住的那个小区还有另外一栋新建公寓，刚好和我们这栋公寓同名，那栋公寓的面积就非常大。有一天，一个同学的母亲问我住的是那栋新建公寓，还是我们家这栋旧公寓，我一下子就张口结舌，从那以后，我就变得不喜欢谈论自己住在哪里，也羞于告诉别人我的住处。

医生 除此之外，还有其他令你印象深刻的事情吗？

我 还有非常多，说来也不算新鲜事了，我爸爸经常打妈妈，表面上看是夫妻吵架，其实就是家暴。我每次只要回忆起童年，就会想到爸爸动手打完妈妈和我们，把家里的东西摔落一地，然后半夜负气离家的画面。我们都会含泪睡着，第二天醒来，也没有时间收拾乱七八糟的家，就赶着去上学了。

医生 当时是什么感觉呢？

我 有一种悲惨感，或者是难过？感觉好像又多了一个不能让别人知道的秘密，我把它当成必须要隐瞒的事情，姐姐不准我说出去，我也叮咛妹妹一定要守口如瓶。虽然自尊感低和我的原生家庭有关，但我认为最大的原因是我和姐姐之间的关系。

医生 和姐姐之间的关系？

我 对，姐姐的爱总是附带着条件，如果我不读书、变胖、不认真或者不脚踏实地地生活，她就会贬低我、欺负我、鄙视我，再加上我们的年龄差距大，所以无论如何我都得听她的话。而且经济方面我很依赖我姐姐，我的衣服、鞋子、包包几乎都是她买给我的，但是她会拿这件事当作威胁我的筹码，只要我不听从她的指示或者反抗她，她就会把这些东西统统收回。

医生 你想过要脱离她吗？

我 想过，因为我总觉得这段姐妹关系并不正常，姐姐是一个极度矛盾的人，她可以做的事，我就不行，这样的事经常上演。比方说，她可以夜不归宿，我不行；她可以穿我的衣服，我不能穿她的。我对她又爱又恨，就算心里很讨厌她，但她对我生气或者不再理我时，我又会感到很害怕。

医生 你尝试过努力摆脱这样的关系吗？

我 嗯……从我成年后在外打工开始，就决定要先经济独立，所以每个星期，平时、周末我都会安排打工。

医生 那精神层面呢？

我 精神层面要做到完全独立确实不易，因为姐姐最好的朋友只有我和她男朋友，我们两个都属于和她个性比较合，也会听她话的人，所以跟我们在一起，自然会令她感到舒服自在。我记得有一天，姐姐和我在一起时，她说："和别人相处好无聊，和你在一起轻松又自在。"我当时在心里翻了好几个白眼，最后决定鼓起勇气，第一次告诉她我的真实心声："其实和你相处我一点也不自在。"

医生 当时姐姐的反应如何？

我 她非常震惊，好像受到了打击。后来听说她哭了好几个晚上，即使事隔多年，但只要提起这件事，她还是会眼眶泛红。

医生 看到姐姐那么伤心，你是什么心情呢？

我 虽然鼻头一酸，但心里是畅快的，感觉自己变得自由一些了。

医生 那你摆脱掉对姐姐的依赖以后，还是没有恢复自信吗？

我 有时候会特别自信，但是这种性格和忧郁情况好像一直都没有好转，该怎么说呢，对姐姐的依赖感仿佛转移到了我男朋友身上。

医生 那你通常是用什么方式谈恋爱？你是会主动接近心仪对象的那种类型吗？

我 不，完全不是。我是只要有喜欢的人就会彻底放在心里，不让对方察觉的类型，因为我怕对方一旦知道我喜欢他，就会开始轻视我，我也不敢告白或者诱惑对方，总是采取被动姿态。如果有人说他喜欢我，我会先试着了解对方，要是产生了好感，就会发展成情侣关系，大概是这样。

医生 有恋爱空窗期吗？

我 几乎没有，我和每一任男友都交往很久。我是属于非常依赖另一半的类型，对方通常也都非常照顾我，虽然他们都很爱我、接纳我的一切，但我还是有一种说不上来的郁闷感。其实我不想依赖任何人，我想要独立一点，就算独自一人也可以活得很好，可是我好像一直都没有做到。

医生 你和朋友之间的关系如何？

我 我小时候很重朋友，但是小学、初中时都曾被班上的同学排挤，高中也在团体中被孤立过，从那以后就开始对社交关系、友情心生畏惧。但也因为如此，我开始把重心转到爱情，不再对朋友抱太高的期待。

医生 原来如此。那你对自己目前的工作还满意吗？

我 嗯，我目前是在出版社做营销，还负责运营公司的社群平台，要上传、发布一些资料内容，还蛮有趣的，我觉得很适合我。

医生 偶尔会有好成果吗？

我 是，所以有时候会想更努力地冲刺，有时也会备感压力。

医生 了解了。非常感谢你说得如此详细。虽然要先进行各项检查才能够确诊你的状态，但目前听起来，你应该是属于依赖心比较重的人。其实人的情感两端是相连的，你依赖感越重，就越不希望自己太依赖他人。比如说，当你在依赖另一半时会得到安全感，但与此同时，也会对自己累积诸多不满，而当你摆脱另一半时会得到自由，却又会开始累积焦虑感和空虚感。换句话说，或许你已经对工作产生了依赖，当工作表现亮眼时，你会认可自己的价值，感到欣慰，所以就不断依赖工作，但问题是这种满足感往往不会持续太久。这就好比西西弗斯推巨石上山一样，你一直在努力想摆脱忧郁，却又不断失败，最终，忧郁就成了日常生活里的主要情感。

我 原来是这样。（医生这番话带给我不少安慰，让我顿时觉得豁然开朗。）

医生 你需要的是突破，如果想从忧郁和挫折的轮回中逃脱，我建议你不妨挑战一些自己从未想过的事情。

我 但我不知道该挑战什么。

医生 所以要开始找啊，可以从较小的挑战开始。

我 我经常会在社交网站上放一些修过的生活照，虽然不是假装幸福，但我会刻意拍一些书、风景、文章等等的照片，想让自己看起来与众不同，向别人展示“我其实是个有深度的人”。有时我也会用自己的标准去判断或评价他人，但我明明不是什么专家名人，竟然会不自量力地去评价别人，我觉得自己很奇怪。

医生 听起来就像机器人，想要一套绝对的标准。

我 是啊，明明就不可能。

医生 这星期先把这张自我检测表填好（包括五百个性格测试题，以及症状、行为分析检测），我们再来一起思考要做哪些突破，好吗？

我 好吧。

（一周后）

医生 这些日子过得好吗？

我 一直到显忠日（韩国的法定假日）的前一天都很忧郁，但是后来心情就有好转了。上次有件事情没对您说，您说我似乎想变成一个机器人，我给自己设立的各种标准确实越来越严格，比如：不应该给别人造成困扰之类，因此日常生活就变得有些不便，有点像是罹患了强迫症。比方说，我只要看到公交车上有人大声喧哗或者大声打电话，内心就会燃起一把无名火，甚至是恨之入骨的那种，简直想冲过去掐死他们，但实际上我也不敢这么做。

医生 你是不是会对自己没有站出来规劝对方这件事很有罪恶感？

我 是，可能十次里面只有一两次我会好言相劝，请对方小声一点，其他八次都会选择隐忍，所以我总是会产生罪恶感。我光是听见办公室里有人敲键盘的声音过大，都会无法集中精神工作。我甚至去找过平时上班比较吵的同事，拜托他小声一点，说完以后心里非常痛快。

医生　谁会因为自己没能对大声喧哗的人提出警告而痛苦万分呢？其实你就像个整天烦恼着“如何折磨自己”的人。事实上大部分人都是胆小自私的，但是因为你内心有着“不应该这样”的强迫症，导致十次当中就算你有一次站出来警告过那些人了，你还是会批判自己为什么另外九次都没做到。

我　我希望每一次都能勇敢站出来。

医生　这样做会使你变得更幸福吗？我想，就算每一次都站出来，你也不会认为自己已经痊愈、自在，因为每个人对你的劝告做出的反应都会不同。你明明有理由纠正别人，却反过头来责怪自己。面对那些就算提出警告也无动于衷的人，有时候敬而远之也是一种选择。像你这样把问题统统归咎于自己反而不合理，是为自己赋予了过大的责任。

我 为什么我会这样呢?

医生 也许是因为太善良?（注：我不同意这句话。）

我 我曾经故意在路上乱丢垃圾，也试着在公交车上大声打电话，但每次做完后心情都很糟，虽然也有一些潇洒的解脱感。

医生 如果根本不认同这种行为，就不要勉强自己去做。

我 我知道人是多面的，但我似乎一直没能接受这样的事实。

医生 如果你一直都用平面的角度去看别人，久而久之，也会用同样的视角看自己。有时当个狠角色也无妨，举例来说，你可以试想，万一是自己心目中理想的那个人面对同样的情形，她是否也会动怒？是否也无法欣然接受？尽管别人可能会认为你泼辣，但转念想想，那又怎样。我觉得你好像只想呈现最理想的状态给别人看，例如："我要成为这种人！"为此甚至会偷取别人的想法与经验。

但就像我刚才说的，人是多面的，有些人外表看似光鲜亮丽，私底下却很可能在做一些肮脏龌龊的事情；有时我们自己也可能对某人抱有过高的期待，导致后来幻想破灭、彻底失望。遇到这种情况，其实只要我们告诉自己“对方也是普通人”，就能够放过彼此。

我 可是我认为自己很软弱，会被其他人一眼识破，所以就算强硬起来也很容易被人看穿，我担心自己看起来会很滑稽。

医生 那是因为你的内心隐藏着不安，就好比某些话正要脱口而出时，脑海中首先会自动闪过“对方会怎么看我？会不会离开我”的念头，所以才会感到不安。我希望你可以知道，把想说的话说出来会是种很棒的体验，但是那番话会造成什么结果，我们都不得而知，有可能会使对方产生 C 行为，也可能会产生 D 行为，你必须接受对方会有各种不同反应的事实。

我 原来如此。上次您提到突破，所以我去尝试了烫发，结果很满意。同事们的反应也都不错，令我很开心。还有上次您问过我，朋友们认为我的优点是什么，我想应该是很容易感同身受吧。

医生 实际上你是这种人吗？

我 是，绝对是，所以有时候我会刻意收敛一些，怕被人认为自己太容易小题大做。

医生 其实你不用太在意别人怎么形容你，甚至为自己贴上标签，因为一旦开始认为自己要更体恤他人，这件事就会变成功课，那么感同身受的能力反而会下降。

我从上次的自我检测结果中可以看出，你有“伪恶”倾向，也就是把自己的情况想得比现实更糟，这种倾向往往会出现在即将复职或讨厌上学的人身上，这些人总是觉得自己的情况很糟，会用更负面的角度去看待自己，但现实并没有想象中那么糟糕；反之，“伪善”则经常出现在收容所里的囚犯身上，他们想表现出自己的状态已经很好，给人留下良好印象。

比起忧郁，你比较倾向是焦虑、强迫症，对于社会型人际关系感到焦虑不安。你看待“女性”这个角色比较被动，强烈认为因为自己是女性，所以只能做到这样，这是你目前的心理状态，而不是天生性格本就如此。除了这些以外，其他都还好。看完你的测试结果以后，可以归纳出你是“非常焦虑、不适应社会生活、比较负面看待自己目前状态”的人，大概是这样。现在的你，是很主观地认为自己的状态非常敏感、忧郁，就如同明明还没疯却认为自己已经疯了一样。

我　对，但是如果我把自己想成正常人，就会更痛苦，因为我会觉得“为什么只有我会这样”。

医生　你上网查过“轻郁症”吗？

我　查过，以前从没看过哪种病症说明和我的情况如此吻合，但看到轻郁症的解释以后，我顿时觉得：“天哪！这个简直就是在说我！”心里还为此难过了好一阵子，因为我在想“要是以前的人患有轻郁症，在那种资讯不发达的年代，不知道会有多痛苦”。

医生　让你想起了以前的人吗？

我　这样想有错吗？

医生　没有对错，我只是觉得你的想法很特别，一旦开始操心，就会没完没了。如果你能把焦点多放在现在的自己身上，就能用更正面的角度看待个人经验。比方说，过去你一直都没找到可以形容自己状况的病名，但是现在终于找到了，这是一件值得正面看待的事情。

我　明白了……我到底为什么会有两面情感呢？

医生　其实和罪恶感类似，假如你心里想“掐死他”，内心就会自动产生罪恶感，生气时也会立刻像做错事的人一样觉得是自己有问题，算是一种自我惩罚的心态吧。

这是因为你的内心住着一个非常强烈的超我（除了自己过去的经验，还到处采用别人更完美的部分，进而堆砌出一个理想的自我），但那只是理想而已，并非现实中的自己。所以每次只要没达到自己心目中理想的标准，就会给予惩罚。如果内心住着一个过度严格的超我，久而久之，就会演变成一定要受到自我惩罚才肯罢休的状态，比方说，你开始怀疑别人对你的爱，或者故意做一些举动激怒对方，甚至要等对方抛下你时才会感到安心，会变得总是依照他人的反应来控制自己的言行，而不是呈现自己原本真实的样子。

我 原来是这样。那明明喜欢一个人独处，却又很讨厌独自一人，是什么样的情感呢？

医生 这不是理所当然的吗？

我 理所当然？

医生 对啊，只是程度上因人而异而已，每个人都会有这样的情感吧。虽然人与人之间需要维系关系，但还是要有个人空间，这也是个两者很难平衡的问题。

我 难道是我的自尊感太低？

医生 其实两极反而相通：那些外表看似自尊心强的人，反而自尊感低，正因为他们缺乏自信，所以希望自己可以受人景仰；反之，要是对自己的满意度高，就不会很容易受别人的言语影响。（注：所以我确实是自尊感低。）

我　我每次只要回顾过去自己做过的事情，就会觉得自己一无是处。

医生　这很正常，因为我们做的无数件事情当中，有绝大部分都不是自己真正想做的，而是基于自己设立的标准或义务而做的。

我　而且我还有很强的外表强迫症，曾经有一段时间，如果没化妆就打死都不出门，如果变胖就觉得大家都会讨厌我了。

医生　这其实不是因为有外表强迫症，而是因为你心中有一个理想的自己，所以才会对外表如此执着，你把那个标准设定得太高、太狭隘了，例如："体重超过五十公斤就是失败的人生！"

最重要的是要多方尝试，去发现自己究竟想要什么，观察自己到底做到什么程度才是最舒适的。一旦了解自己的喜好，也找到减轻内心焦虑的方法，你就会提升对自我的满意度，就算有人指责你、批评你，你也可以欣然接受或者坦然拒绝。

我　这和暴饮暴食有关吗？

医生　当然，日常满意度下滑的话，就会退回到最原始的欲望，也就是从最容易获得满足感的吃喝拉撒睡下手。但是靠吃东西获得的满足感不会维持太久，有规律的运动或计划反而比较有助于提升自我满意度，建议给自己设定一些长期目标。

我　好的，那看来我要重新开始运动了。

刺猬困境

> 其实两极反而相通：那些外表看似自尊心强的人，反而自尊感低，正因为他们缺乏自信，所以希望自己可以受人景仰。

刺猬困境——指想要在人际关系中获得亲密感，同时又想保持适当距离的矛盾心理。我总是渴望一个人独处，却又很讨厌独自一人，医生说是因为我的依赖心太重。当我依赖某人时会感到安心，却又同时对自己不甚满意，与人分开时会获得自由，却又感到空虚、焦虑。的确，我每次都会过度依赖对方，却又不懂得珍惜对方。越是愿意为我付出的人，越使我感到厌烦，我很讨厌这样的自己。但是只要和处处配合我的人在一起，我就会展现出孩子气的一面。我知道自己一直躲在舒适圈里，变得越来越胆小，或许也是因为这样才迟迟没能向公司递交辞职报告。这是我一直以来的生活方式，这样的生活并没有好坏之分，问题在于怎样生活才能使我的人生变得更健康。虽然我的心中已经有了答案，但是要付诸行动总是无比困难。我对自己太过严苛，已经超出必要范围，所以我需要的是有人可以安慰我、站在我这一边。

第 2 周

我是不是得了“说谎癖”？

我经常不经意地选择说谎，虽然现在已经想不起每一次说谎的详细经过，但我记得有一次是在当实习生的时候，当时我和科长正准备去吃午餐，我们聊到出国旅行的话题，科长突然问我之前去过哪些国家，那时的我其实从未出过国，这让我备感羞愧，所以只好临时说了个谎，说自己去过日本。记得那顿午餐我吃得心惊胆战，深怕科长会追问我去日本玩的事情。

我是个很有同理心、擅长换位思考的人，甚至还有一种强迫观念，认为自己一定要富含同理心才行，所以当有人对我掏心掏肺地诉说某件事情时，我也会假装自己有同样的经历，以展现自己可以感同身受；另外，当我想要得到大家的关注或引起众人欢笑时也会选择性地说谎，然后又再度陷入自责。

因为这都是一些日常生活中无伤大雅的谎言，所以我其实不太担心被人揭穿，但是随着这种谎言越发频繁，我的自责感也就越重，于是我下定决心，哪怕只是一些小谎，以后也绝不再说；然而，这次喝醉酒以后我又食言了，我对朋友说了个谎，那个谎言羞耻到令我难以启齿。这件事害得我先前所做的努力都功亏一篑了。

医生 最近还好吗？

我 不太好，到星期四为止都很糟，星期五和星期六稍微好一些。我是不是应该把所有事情都说出来，才会有助于治疗？

医生 如果你不介意，说出来是最好的，或者等之后再说也没关系。

我 有没有什么方法可以降低对自己的理想标准？

医生 如果足够自信，就能降低这种标准，探索完美、追求理想的念头也很可能不再出现。

我 那您觉得我会产生自信吗？

医生 应该会。

我 我觉得我是个很渴望被人认可的人，所以应该是得了说谎癖，说话时我会为了取悦大家而稍微添油加醋，说得比较夸张一些。想要展现自己也能感同身受的时候，就会用“我也有过那样的经历”来骗对方，但是每次事后我都会很自责，所以下定决心再也不说这种谎，好让自己内心舒坦一些。

结果没想到上星期六做完心理咨询以后，我约了朋友见面喝酒，最后不小心喝醉了，第二天早上醒来，我想起了我们之间的交谈内容，结果我发现自己又说了谎。

医生 同样是为了展现自己可以感同身受而说谎吗？

我 不是，那天是为了博取朋友的同情。

医生 所以如果你没喝醉，就不会说这个谎了吗？

我 对，绝对不可能说那种谎。

医生 那就当作没这回事吧，反正只是酒醉说的话而已。

我 （惊）真的可以这样吗？我是不是有什么精神疾病呢？

医生 不是的，当人类认知功能下降时，说谎是常有之事，酒醉的时候也是，记忆力和判断力都会变差。我们为了填补那些对话中的空白，很可能会选择性地说谎。这就是为什么喝醉酒的人经常说自己没醉，讲话也变得语无伦次。

我 所以我没有问题吗？

医生 没问题，喝醉的时候通常理智会断线，接触酒精、毒品时也会出现类似反应，甚至做出冲动行为。这种事情只要自责个一天就好，告诉自己"下次别再喝到烂醉"就没事了。

我 听您这么一说，我的自责感确实减轻不少。

医生 别再责怪自己，要怪就怪酒精吧。你不也说要是没喝酒，就绝对不可能说那个谎吗？

我 所以这不是说谎癖吗？

医生 不是，你只是单纯喝醉了而已。

我 医生，我实在很羡慕那些即使喝醉酒，也不会胡言乱语的人。

医生 世界上真有这种人吗？我知道有人喝醉了会倒头就睡，那是因为睡眠中枢先启动，阻断了原本该出现的失控行为，不然还是会语无伦次，再不然就是真的酒量好到千杯不醉，才有可能保持理智。

我　原来……您上星期不是说我是因为太善良，所以才会想变得有正义感吗？但我发现事实并非如此，正因为我是个没有正义感的人，所以才想变得有正义感。

医生　那是因为你已经把自己定义为没有正义感的人，其实不管原因如何，一旦标准定得太高，你就会一直用负面眼光看待现状，老觉得自己还有许多需要改进的地方。像现在也是，明明喝酒就是为了让自己享受醉醺醺的感觉，你却羡慕那些可以千杯不醉的人。

我　这样听起来好像事情真的很简单。哦，对了，我这星期打算提离职，太多烦恼了，压力好大。星期三的时候我和同事小酌了两杯，其他人可能觉得我现在的工作很轻松，还有个好组长，他们的工作却很辛苦，所以我成了他们吐苦水的对象，但其实我的工作也很辛苦，却还要听别人的抱怨。感觉同事、朋友都认为自己辛苦，我的辛苦显得微不足道，这让我有一种说不上来的委屈。

医生　看来你一直都在忍下这口气，那接下来打算如何宣泄这股怨气呢？

我　我本来想找组长谈，但是那天我在忙着处理组长交办的事项，所以一直到那天下午，我才问他该如何是好，没想到组长给了我一个明确答案，我实在很感谢他，所以也不好意思再提离职的事情，感觉组长也已经很辛苦了。

医生 为什么你那么容易察觉到别人的辛苦呢？

我 （惊）是啊……组长会不会其实不知道我压力大呢？

医生 那就对他直说吧。

我 我不知道该怎么说。

医生 你可以参考其他人怎么说，照他们那样说就对了。其他人也会抱怨自己很辛苦，不是吗？不过我想你应该是那种“就算有人说自己不辛苦，你也会主动察觉到对方是在强颜欢笑”的人。

我 （瞬间泪崩）是不是我太会装好人？

医生 你就是个好人，能怎么办呢？

我 我觉得我不是什么好人，就只是个烂好人。

医生 你就是因为心里老是想着“我已经比其他人的情况好太多”，所以才会说不出“其实我也很辛苦”这句话。可能你不论去哪里、见什么人，他们都能毫不避讳地向你吐苦水，但是你却会因为自己没有察觉到对方的辛苦而备感自责。体恤对方固然是好事，给予关心和鼓励也都是值得肯定的，但是你一定要先检视自己的状态，以自己的心情为优先考虑对象才行。你可以向朋友倾诉内心烦恼，也要懂得对一起工作的伙伴表示："虽然在工作强度上我可能没你辛苦，但我也有我的苦恼。"而不是只回答"我没事"。这样才能使双方都感到舒适自在。

我 这样想想，我的确从来没有对公司同事讲过这种话。其实我不是什么扑克脸，我的喜怒都形于色，根本藏不住，星期四想递辞职报告的时候就很明显，谁都能看出来我在生气，所以都没有人敢过来和我搭话。

医生 他们应该只是觉得你好像心情很差吧，你要对自己有足够的了解，才能够解决问题，如果不去试着了解自己，只是一味地纳闷："我到底为什么会这样？"这是不行的。

我 在您看来，我不太了解自己吗？

医生 我只是担心你对自己的关心会不会越来越少。

我 可是我每天都会把自己的情感记录下来。

医生 那比较像是从第三人称视角写的记录。记得，当你感到辛苦时，无论如何都是自己最惨，这并不是什么自私的念头。不论是学校还是公司，都只有在收到录取通知、正式报到前，一切看似美好，等真的进去以后，就会开始出现诸多不如意，没有人会自始至终都觉得"我喜欢这里的一切"，所以别人可能会羡慕你目前的状态，但实际上你却不这么认为。你也不必因为"为什么只有我不开心"而自责不已。

我 我明白了。星期三我跟同事一起出去玩，玩得还算开心，但也只是一半的快乐而已。只要对方没说出："昨天我们玩得真开心！"我就会认为只达到了一半的快乐，一定要对方说出这句话，我才会觉得是真正的快乐。实际上我也经常向对方确认："我现在说的话有意思吗？""我很喜欢现在这样，你也是吗？"

医生 其实为别人着想并不是什么坏事，但是一旦过度着想，就会变成是看人脸色，这样就会成问题，你现在就是这样。

我 好吧。自从吃了上次您给我开的药以后，我可以感受到困意了，会自然入睡，本来之前一直都为失眠所苦。

医生 最近也会睡到一半醒来吗？

我　凌晨四点和五点会分别醒来一次。

医生　睡前可以把手机放远一点，反正不管是白天玩手机还是晚上玩手机都一样，日常生活中可以拖延的事情就尽量延后再做，希望你可以自己设定事情的优先顺序。

我　星期五早上吃药前还觉得很焦虑，无法专心工作，但是吃了药以后就比较好。今天早上也很焦虑，但八点左右吃过药以后就好多了。

医生　可能是因为晚上吃的那半粒药丸有副作用，只要白天好好吃药就可以。

我　这样吃药会不会药物成瘾呢？

医生　不会的，那些真正成瘾的人也都是来这里找我寻求帮助。

我　只要早上吃了药，心里就会舒服许多。

医生　那就好好享受那种舒服感吧。你可能会因为一直担心“这些药会不会对身体不好”而内心产生负担，就好比如果有人送你礼物，好好享受当下收到礼物的那份喜悦就好，千万别去烦恼“那我之后要怎么回礼”。现在的你，感觉就像是在感谢我的同时，内心也有一些负担。

我 ……（要是能那么容易做到，我怎么会在这里做心理咨询。）

医生 其实现在这样也很好，小酌几杯自然会失言，吃药自然会有副作用，要是发现有副作用，都怪我们医院就好。

我 （听到“现在这样也很好”，不知为何突然好想哭，真是受不了自己。）

医生 周末有什么计划吗？

我 我打算去参加电影社团。

医生 那个社团有趣吗？

我 有趣，但也很有压力。我本来是个不喜欢参加读书会或类似这种活动的人，因为一旦大家知道我毕业于文艺创作系、在出版社工作，就会对我有过多的期待。电影社团成员也是，当我自我介绍说自己在出版社工作时，大家马上就会做出“哇”的反应，让我很有压力。

医生 当初为什么会参加电影社团呢？

我 因为我是个宅女，朋友圈很小，除了会和几名好友固定聚会外，其余时间都和男朋友在一起，所以有点担心自己的青春年华就这样消逝。

医生 所以想要多参加一些活动？

我 是。

医生 那很好啊，你会去满足他们对你的期待吗？比方说，因为在出版社工作，所以应该很会写作。

我 不会。

医生 但也不会因此而被团员唾弃，对吧？有时候你可能会认为自己表现得很好，有时候也可能会感到失望，但是我希望你可以把焦点摆在我一开始问你的问题上：“为什么要做这件事情？”

我 这次看的电影不是我喜欢的类型，所以没什么特别想和大家分享的心得，我可以不发表任何意见吗？

医生 当然，你也可以直说：“我觉得不是很好看，这不是我喜欢的类型。”

我 可是我觉得那样回答挺丢人的。

医生 有什么关系，只是个人评价而已，这又没有正确答案。当然，其他人可能会对你有所期待，但其实也很可能是你给自己太大压力，认为毕业于文艺创作系、任职于出版社，就一定要说出一套专业的影评。不过当你自认为“这就是我”的时候，也许心态上会变得更自由一些。

我　我觉得现在已经变得自由许多了。

医生　看个电影就一定要找出背后的意义吗？我喜欢的情节可能其他人都不喜欢，其他人觉得很有趣的桥段，我可能会觉得根本没意思，不是吗？你可以不必凡事都过于理性，试着把焦点放在自己的情感上，抱一种“那又怎样？”的态度，这点很重要。

我　那我要来试试。

医生　与其烦恼这些事，不如想想聚会后要和大家一起去哪里、吃什么、和谁聊天，会不会更好呢？

我　也是。

今天也是逐渐痊愈的过程

> “感到辛苦时，觉得无论如何都是自己最惨，这并不是什么自私的念头。”

的确，听完专家说的话，我得到了不少安慰。就好比身体受伤时，比起周遭的人对我说没事，还是医生亲口对我说没事更令人安心。不过，感觉医生一直把我看作太过善良或不听劝的人，这让我感到松口气的同时，心里也有点不是滋味。

后来我在电影社团里按照医生的建议，向大家发表了自己的看法——我觉得电影不怎么好看，然后回家听了自己录下来的录音，发现其实讲得还不错。总之，这只是第三次心理咨询，虽然截至目前还没有太多改变，但我决定把这看作逐渐痊愈的过程。尽管现在独自在家时还是会一直拿自己跟其他人相比，对平庸无奇的自己感到自责，但是自责强度已经比以前减弱许多。

记得有人说过：“尽管是快乐美好的日子，也要能写得出东西。”这应该也是需要经过练习的吧。我只有在天气、身体、心理、精神灰暗忧郁时才写得出文章，但现在也想在状态好的时候写一些好文章，不喜欢总是充满抑郁阴暗的感觉。总之，先从改变想法开始！

第 3 周

我会监视自己

究竟是从何时开始的呢？我翻找了封存已久的电子邮件，发现一篇十年前写的文章。都说人要是受到太大的伤害就会选择压抑，当初的我似乎就是如此，因为那是一件早已被我遗忘的事情。

我从出生时就有先天遗传的异位性皮炎，由于这种疾病当年还没有如今这么普遍，所以医生并没有特别重视，后来经过一段漫长的时间，才发现是异位性皮炎。

所有罹患异位性皮炎的孩子，都会在手脚弯曲处、眼睛周围出现泛红干燥的情形，当时我也是如此，因此还经常被同学们取笑："你的皮肤怎么会这样？真恶心！"甚至就连我暗恋的男孩，也直接当着我的面嘲笑我像皱巴巴的老太太。

小学五年级时，我参加过一场活动，需要和男同学一起跳舞，当时我的舞伴可能极度不想和我一组，我记得他从头到尾都没有真正抓过我的手，只是作势假装牵着我的手跳舞。从那时起，我开始感到自卑、羞愧，我认为自己是个异类，像老太太、很丑、不该出来抛头露面。

初中时我甚至被网友攻击过，当时我和同学一起运营一个匿名的线上社群网站，有人竟然在网站上写了一篇骂我的文章，虽然我已经不太记得具体内容，但还依稀记得对方写了一些攻击我外表的话，比如："只有脸看起来还好，身体实在太胖了。""拜托回家洗洗澡吧，手肘黑得可怕。"我对自己的外表被人如此评价感到十分羞耻。

虽然这件事情早已从我的记忆中删除，但是可能还一直深植在我的潜意识里，所以我会每天不自觉地用搓澡巾搓洗自己的手肘，深怕鼻头有粉刺而一天照好几回镜子，我变得很在乎自己在别人眼中的样子，甚至还会把自己说过的话录下来，回家重新播放检视。尽管我的内心已经明显感觉痛苦，我还是会害怕，感觉一定有人在暗中嘲笑我。

医生 上星期参加的电影社团活动还顺利吗？

我 嗯，还算顺利。

医生 你发表了很多感想吗？

我 没有，我只是说我觉得那部电影还好，结果主持人就问我具体原因是什么，但一时之间我还没理出头绪，所以就先跳过了我。后来在听其他人发表感想时，我想到了一些理由，所以就再简单补充了一下我的看法。后来我听了自己的录音，发现原来我发表了很多个人意见。

医生 为什么要录音呢？

我 我每次只要在公司开重要会议或者来这里接受咨询，都会把交谈内容录下来，回家再重新播放确认，因为平常我是一个很容易紧张的人，所以总会想不起来自己说过哪些话。

医生 可是你又不是喝醉酒，就一定要录音吗？

我 现在是为了整理治疗记录而录音，其他时候则是因为紧张过度，脑袋总是一片空白，根本不记得自己说过哪些话，所以才会录音。

医生 这样看来你很像是在用监视器把自己录下来，然后再回去播放、观察自己的表现。其实想不起来自己说过哪些话反而可以获得一些自由，你这么做只会让自己更加疲惫。

我 我觉得这么做会让我同时感到安心与自责，如果表现得好就会安心，表现得不好就会自责。

医生 我希望你可以让时间自然带走那些已经发生的事情。

我 好的。看来这种行为也很像机器人，对吧？

医生 机器人？

我 嗯。

医生 我上次说那句话并没有太多意思，你可能给那句话赋予了太多意义。（注：我在挖苦医生上次说我像机器人的事情。）

我 的确，只要有人挑剔我，我就会故意不断重提。到底为什么我会开始监视自己呢？

医生 因为你太在乎别人的反应，对自己的满意度也不高。其实人生是自己的、身体也是自己的，这些责任都是由你承担，但是现在的你，感觉老是往极端走，而不在合理的中间位置。监视自己不一定全然负面，只要合理适当，或者能反向思考，有各种颜色的按钮可以选择按下就无所谓，但是现在的你，像是只有一个按钮可以按，所以只能选择开或关。也许你会这样监视自己是有原因的，但是你只把焦点放在“我现在很难过、很想哭、很生气”等结果上，而不去思考导致这些情绪的原因是什么，所以你才会一直陷在自己的情绪里。

我 （哭泣）我可以怪自己天生就有这种极端的监视自己的性格吗？

医生 性格虽然是天生，但也有很大一部分是后天养成的。

我 我和姐姐、妹妹聊天时发现，我们三姐妹的性格简直一模一样。所以我们三个人聚在一起千万不能聊恋爱话题，因为都很极端，无法形成客观判断。会不会打从娘胎一出生，我就是这种性格？还是我们三姐妹共同经历过什么事情，所以都有这种特质？

医生 我想应该是因为现在的你对很多事情的观点都比较极端，所以三姐妹聚在一起聊天时，你也只会用你和我想法“一样”或“不一样”来做评价。

我 哦……应该只关注我自己的观点，对吧？

医生 嗯。

我　我真的有那么极端吗？

医生　也不是很极端，就只是有那样的倾向而已。

首先，我认为你需要把工作和休息的空间彻底分开，如果在公司累积了一整天的压力，回到家就应该好好休息放松，但是你回家以后却还在听自己白天上班时的录音，那么，工作和休息就会变得密不可分，可能会使你同时感到羞耻和焦虑不安。

我　我明白了。我这星期明明也没什么事，却一直没睡好，凌晨四点钟醒来以后就睡不着，一直看电影看到早上六七点。睡不着实在让人困扰。

医生　那你白天应该会精神不济吧？

我　其实还好，没有特别提不起精神。本来只要有人突然向我搭话，我就会瞬间脸红，但是上个星期都没有脸红。

医生　那你一天都睡几个小时呢？

我　应该是平均睡四五个小时？通常是睡五小时醒来之后，再睡十到二十分钟的回笼觉。我从公司走回家大约需要四十分钟，那条路两边都是农田，每次只要走那条路回家我就会觉得神清气爽，但是一到家又会死气沉沉。我曾经想过到底为什么会这样，后来发现是因为我在家都会去找那些自己打从心底羡慕的人的Instagram（照片墙）来看，看着看着，心情就会变得很差。

医生 你都会羡慕哪一种人呢？

我 一位是过去我一直很想面试进那家公司的总编辑，之前还打算要跳槽去那里，可惜最后面试没有通过。那位总编人很漂亮，也很会打扮，她底下的组员看起来都很好相处。我很羡慕她的一切，然后会反观自己，不知道自己到底在干吗。

医生 那你对于目前任职的公司和工作，满意度如何？

我 工作满意度是挺高的，只是有点腻了。

医生 我想每个人都会有羡慕之情，毕竟每个人内心都有一个乌托邦，但是羡慕别人和一直拿别人跟自己做比较是两回事，现在的你应该只是怀有憧憬而已，还不到特别严重的程度。

我 那要到什么程度才算严重呢？

医生 如果出现实际行动才算严重，但是如果你可以告诉自己，“其实我也不差”，那就没什么问题。希望你不要把羡慕之情视为负面情感，因为那也是促使你成长的动力。

我　好。其实我也很尊敬我们公司的组长，要是我往好处想，就会觉得“我也想像她那样”，但有时候又会觉得，“唉，为什么我不能像她一样想出那么棒的好点子”，老是陷入自怨自艾的情绪。

医生　每个人都会有这段时期，会经历挫折，也会通过逐一克服累积自己的信心。再加上你最近心情比较差，所以就算面对同一件事，自然也会有不一样的观点。

我　所以心情很重要喽？

医生　当然，随着当下心情的不同，面对偶发事件的态度也会有天壤之别。

我　我不知道能否让自己心情好转。

医生　比起好转，让自己恢复平静、不过度转变更重要。

我　但我就是做不到这一点。

医生　你看你都还没试过，就已经在说自己做不到了。我觉得你一定可以做到，因为你说这星期过得还不错，上星期就不好。

我　对。而且还发生了一件事情，有人在电影社团 Facebook

（脸书）的账号上传了一段视频，因为有人给视频点赞，所以才被我发现，后来我点进去一看，发现电影社团里的人个个都是高学历，原来是因为社长毕业于很不错的大学，目前处于创业初期，所以似乎是要借助身边的好友帮忙冲人气，导致社团里都是学历高的人。当我发现这件事情时，突然变得有点没自信，也不太想出席社团活动了。我现在不论置身何种场合，都不喜欢提到自己的学历，也不想听到对方的学历，因为会同时产生优越感和自卑感。比方说，原本可能觉得跟这个人聊得来、相谈甚欢，但是后来发现对方是首尔大学毕业的，就会立刻对自己的发言感到担心，心里想："会不会在对方那里听起来很无知很可笑？"

医生 可是你也是大学毕业啊，不是吗？假如今天你和一个不得已没能读大学的人聊天，结果聊着聊着，对方突然说"那是因为你读过大学啊！"这样的话，你会有什么感觉？

我 我会觉得"这跟读没读大学有什么关系"。

医生 是啊，虽然高中时期的学习成绩会决定我们上哪一所大学，但是上了大学以后，我们对哪些事情感兴趣，决定了我们的深度和广度。高中时期的成绩并不能保证你接下来的人生。

我 也是。

医生 如果觉得对方比自己优秀，我希望你可以用同样的条件去和其他人做比较。比方说，有个人可能因为家境困苦所以高中没能毕业，但是后来靠自己的努力做出了某项成就，甚至上了电视，要是以你现在的观点来看，那个人的努力应该是不值钱的，但真的是这样吗？

我 不，不是的。

医生 是啊，你看，只要对你不利时，你才会套用那样的标准看待自己。当然，好学历在这个社会上绝对有它有利的一面，但是如果现在我选择离职另觅工作，比起学历，履历才是更重要的，不是吗？

我 所以我应该要往这方面去想，对吧？

医生 我希望你可以试着把脑海中自动浮现的想法稍微转个方向。

我 可能要从我自己开始改变。其实我一直对自己的学历感到自卑，一开始还没觉得怎样，但是后来发现就算那些热衷、渴望的事情都已达成，我还是会感到忧郁。

医生 所以问题在于，那些事情是不是你真正热衷、渴望的，对吗？

我 我自己也不太清楚。

医生 比方说，你可能错把“乘坐高铁”当成自己的目的，反而忽略了真正要前往的“目的地”。也许那不是你真正的想法，而是受社会偏见或认知所影响。

我 但我还是真心喜欢我自己选择的文艺创作系。

医生 是啊，所以比起别人怎么说，自己喜不喜欢更重要，比起考虑别人会怎么看你，我希望你可以先满足自己的欲望。

我 但是就像我刚才说的，我实在不知道这究竟是不是我想要的，还是其实是别人想要的。

医生 那你多少还是会有感觉吧。当初进入文艺创作系时的那份喜悦，还有从事目前工作感受到的满足感，都是最诚实的答案，不是吗？

我 您是指最直接感受到的那份情感吗？

医生 是啊，就是那份快乐和喜悦。

我 那要是在快乐和喜悦之前，总是先出现其他情感的话，是不是干脆就不要做那件事比较好呢？

医生 嗯……但是人偶尔还是要做一些自己不喜欢的事情，不是吗？

我 电影社团马上就要结束这一期的聚会了，听说之后会再开新的聚会，我拿不准自己究竟想不想再参加。

医生 那你不妨把聚会的优缺点一一罗列出来，然后自己读一遍，也许内心自然就有答案了。反正这只是你的兴趣啊，兴趣如果变成压力就不好了。就算真的不参加，我也希望你不是因为屈服于内心的恐惧。

我 可是我有很严重的被害妄想症，在社团聚会时，我也总感觉里面的人应该都讨厌我。

医生 是哪些情况让你有这种感觉呢？

我 像上次聚会完大家一起去喝酒，一开始我不太想喝醉，所以极力保持清醒，但最终还是不小心喝醉了。虽然最后快要断片前的记忆不是很清楚，但是我看到社长和主持人交换了一下眼神，示意要把我送回家，我对那段记忆感到丢脸，感觉他们并不喜欢我在场。

医生 他们会不会只是不喜欢你喝醉呢？

我 什么？

医生 有时候朋友喝醉酒，我们也会基于担心而劝朋友："你还是早点回家吧！"不是吗？

我 对啊，我怎么没想到这一点？应该是不喜欢有人喝醉的关系，因为我也是这种人，不喜欢有人喝醉。

医生 通常还没实现梦想以前，我们会心想："要是真的能实现该有多好。"但是假如在梦想实现以后也依旧能不忘初衷，那么现在的人生，会不会宛如额外的收获呢？当你在羡慕某件事情时，二十岁的你看现在的你会有什么感觉呢？会不会惊讶自己大学毕业后竟能顺利进出版社工作呢？

我 （突然泪如雨下）应该会感到非常开心。

医生 二十岁的你可能会心想："真想去找那个人问问，究竟是怎么面试进入出版社的。"但是现在的你，有点像是觉得自己的人生和过去都是失败的，可是你也别忘了，用过去的标准来看，现在的你也许是非常成功的。

我 我有时会想，要是三十五岁的我回头看此刻二十八岁的自己，应该会感到很惋惜。现在也会想，如果可以回到二十岁，我会对自己说："真的不用那么努力。"

可惜现实就是不可能发生这种事……

医生 我希望你可以多跟自己比，不要老是跟别人比。

我 那我的被害妄想症怎么办？

医生 可能需要继续慢慢思考吧，毕竟这也牵涉性格的部分。你有很长一段时间为焦虑所苦，不是吗？只要有新的经验覆盖掉过去的经验，看待自己或者他人时，我们也许就能用比现在更正面的角度去看待。

二十岁的我，致现在的我

> “比起别人怎么说，自己喜不喜欢更重要，比起别人怎么看自己，希望你可以先满足自己的欲望。”

我总是从未来的角度观看过去，甚至曾经想过，三十五岁的我回头看二十八岁的我，会有什么感觉？二十八岁的我再回头看二十岁的我，又会有什么感觉？要是遇见过去的我，我一定会对自己说：“真的不用那么努力。”

在我还一无所有，没有未来，没上大学，身无分文，担任读书室总务时；在我升学考试迫在眉睫，却还要在早上六点钟到健身房柜台报到打工时；在镜子里的我宛如黑白照黯淡无光时，当时的自己，会想到有今天吗？要是看到现在的我，大学已经毕业，还进入自己一心想进的出版社做想做的工作，不知道会有多开心？

我已经充分努力过了，而且做着自己想做的事，我已经不再对此感到怀疑，只是想要表现得更好而已。其实现在这样就已经很好了，为什么我却老是要看向更高的地方，来折磨自己呢？我想，要是二十岁的我看见现在的我，应该会欣慰得喜极而泣吧。是啊，现在这样就足够了。

第 4 周

想要与众不同的想法一点也不奇怪

医生 过去一周过得如何？

我 还不错。

医生 有哪些事情不错呢？

我 有好多事情都不错。我交了一位新朋友，我们有很多不同之处，但又有很多共同点。该怎么说呢，我们两个人性格南辕北辙，观念却很接近，所以有种一见如故的感觉，很快变得非常要好。但是我对这段友谊充满强烈的不安全感，因为我的朋友并不多，也不是一个容易交朋友的人。我还记得大学最后一学期，有个很要好的同学，我们不同系，但是修了同一门小说创作课。她非常会写小说，是我先主动去找她聊天认识的，后来我们很快就成了志同道合的朋友，一整个学期都腻在一起。但是突然有一天，我就不怎么想和她联络了。有些人一开始认识时觉得趣味相投，但是随着相处时间变多，就会发现彼此之间有许多不同之处，那位大学同学好像就没有料到我竟然是如此内向、容易焦虑的人，她不太能理解我这样的性格，后来见面时变得很尴尬，不知道该聊什么，我也变得有些自卑。修完那门课以后，我和她一起参加过小说读书会，当时我内心的不满已经达到了顶点，所以后来就干脆不再参加读书会，也没再和她联络。我完全没想到，那件事给我留下了心理阴影，这次又迅速地和某人成为朋友时，我才突然想起那段往事，然后内心变得十分焦虑，一直心想："之后应该又会像和那位大学同学一样，突然分道扬镳吧？""等她认识我久一点之后，应该就会觉得我是个草包了吧？"于是很担心再次被朋友抛弃。

医生 但是你现在也不能做任何事，对吗？难道就不能忠于现在吗？害怕自己被抛弃的那份焦虑感，是在自己确定拥有某样东西后才会出现吧。

我 其实我也并不是已经拥有了这位朋友……我只是一旦喜欢或欣赏一个人，就会自动觉得对方一定会瞧不起我。

医生 如果真的是这样，那你不就太傻了吗？因为通常更喜欢的一方是弱者啊，不是吗？

我 是啊，那位朋友对其他人都不怎么感兴趣，我却觉得她很有魅力。她在公司里原本没什么朋友，竟然会和我成为好朋友，我觉得很开心，但同时也有点弱势的感觉。

医生 仿佛选择权是握在她手上的感觉吗？

我 对，是不是很可笑？

医生 那看来你要试着把爱分散一些，不能全部集中在同一个人身上，不然就会让自己的地位越来越处于下风，然后随着自己牺牲越多，期待就会越高，甚至会因为自己付出了很多，却一直得不到对方的同等回馈而变得更依赖对方。

我 我通常都会很努力往这方面想，但从来都不付诸行动，独自期待，然后又独自失望。

医生 人本来就是如此，会认为“我选择的人不可以背叛我”，会为这种想法而纠结。我们与其小心提防自己与某人的关系变得太要好，或者活在“要是走太近，以后会不会突然被抛弃”的恐惧当中，不如想想：“我真的和这个人很合吗？我喜欢她哪一点，不喜欢她哪一点？”

我 我觉得她很特别，但是我很平凡，而且我是非常典型的无趣的人，这点令我很痛苦。

医生 所以对方是找到一个极其平凡又无趣的朋友喽？一个在公司里没什么朋友的人，选择和一个一点也不特别的人做朋友，是这样吗？

我 也不能这样说啦……对了，我会刻意提醒自己做人要真诚，以诚待人时反而事情都挺顺心如意的，越是面对喜欢的人，就会越想要展现最真诚的一面。

医生 那你在展现出真诚的时候，内心不会有任何恐惧吗？

我 会，所以我会把丑话说在前头。

医生 那倒不错。

我 嗯，所以我对那位新认识的朋友说，其实我是个很无趣的人，认识我久了以后可能会对我感到失望，结果她说她自己也非常平凡。我毕业于文艺创作系，又在出版社工作，所以经常会接触到艺术家，但我总觉得自己和那些人格格不入，因为我实在太一般、太普通了，甚至就连和一般人（与艺术无关的人）见面，我也会有一种独自站在孤岛上的感觉，有点像是不属于任何地方的浮游生物，我没想到原来那位朋友也有同样的感受，她对我说："我喜欢艺术作品，但是综艺节目《无限挑战》也很有趣。"她认为自己既不是艺术家也不是大众，很像半人半兽的角色，我听完她的这番话以后感到十分神奇。后来我告诉她，我很担心哪天要是和她突然疏远了该怎么办，结果她回答："毕竟我们两个都有各自要忙的事情，所以可能没办法天天联络，但是只要心中经常挂念着彼此就好。"

医生 我认为现在这样的状态很好，还没发生的事情都先不要想太多，因为你现在的焦虑、担忧，很可能会变成对方的负担。

我 大学最后一学期认识的那位同学也是这样吗？

医生 是啊，你们可能随着感情越来越好，把对方看作绝对优越的那一条标准线，然后开始渐渐贬低自己，等于是物理上的距离虽然拉近，心理上的距离却渐行渐远了，而且还通过自卑感展现出来，开始确信“她一定会越来越疏远我”，要么反复去询问对方，要么自己暗自揣测，百般猜疑。所以对方可能或多或少会感到不太自在。

我 您说对方会感受到？

医生 可能吧。我可以理解你想要确认对方心意的欲望，但是你满足那份欲望的方式有点像小朋友。

我 为什么会这样呢？

医生 应该是为了达到即时性的满足吧，但那都只能满足你一时而已。相较于那种方式，珍惜与喜欢的人相处的时光，反而能获得更踏实的满足。假如能为两人相处的时光赋予意义，那么究竟是什么样的关系就没那么重要了。

我 是啊，我该怎么做才能改掉觉得自己平庸无奇的毛病呢？

医生 这是需要改掉的毛病吗？

我 我想更爱自己。

医生 我认为这不是什么需要改掉的毛病，一切只看你选择欣赏自己的哪一面。你现在与艺术家见面时，只会看自己欠缺的那一面，和其他人见面时也是，总是把焦点放在自己缺乏的部分，对吗？如果试着改变这样的观点，与艺术家见面时，不妨试想“这些艺术家应该心思很细腻、敏感，生活上可能会遇到诸多不便吧”，与其他人见面时，则试想“唉，真是聊不来”，通过这样改变观点的方式去面对同样的情形，自然会产生不同结果。我觉得现在你一直在乱套标准，折磨无辜的自己。

我　我确实好像一直在折磨自己。

医生　“平凡”也许是保护自己的一种说辞，毕竟我们不会说自己自卑。

我　也是。自从认识了那位同学以后，好像加深了我这样的想法，因为她不喜欢一成不变的人、事、物，而我也的确讨厌无趣。

医生　可是你所认为的无趣和她认为的无趣应该不一样吧？可能你们会对某些事都感到了无新意，但认定它无趣的标准还是会有些微差异。我觉得你需要停止这种二分法思维，例如，自己要么特别，要么就不特别，凡事并非只有好与坏的分别。

我　我了解了。我喜欢一个人独处，但是有个前提，要有爱我的人才行；有个会主动关心我的人，我才有勇气独来独往。我曾经过了六个月的单身生活，当时一大早醒来睁开眼睛，发现这世上竟然没有任何人找我、爱我时，就顿觉非常沮丧，我现在偶尔还是会回想起那段经历。

医生　如果是为了得到别人的关心而使自己焦虑，那你会得到那份关心。但问题是等你感到安心以后，别人同样也会松懈下来，这时你又会内心受挫了，对吧？虽然不是故意的，但是久而久之，你内心可能会产生“只要我幸福，别人对我的关心就会减少”这样的隐忧，最终推导出“我是不可以幸福的人”这样的结论。别人一时的关心可能会弥补你内心的不安，但是如果从长远来看，这种关心就好比会让你牙齿蛀光的垃圾食物。

我　我新认识的那位朋友也叫我试着练习独处，不要太依赖别人，她说她尝试过，后来发现就算有人不喜欢自己也无所谓。在您看来，这样的方式真的会有帮助吗？

医生　如果逼不得已，可以试试，但是真的有必要这么做吗？

因为这同样也是非常极端的选择。感觉你现在内心夹杂着空虚感与恐惧感，所以为了保护自己而寻求他人协助，这么做当下会感到满足，但是之后很可能会变得无法自立，对新事物也自然不会感兴趣。

我 是啊……上次您不是叫我试着想想，假设二十岁的我看见现在的我，会有什么感觉吗？我发现这样的尝试很好，所以我最近又在想，过去的我的确太纠结于规则和规律。其实我很不喜欢加入某个小团体，和大家集体行动。小学二年级时，有个叫恩京的女孩，是我们班的班长，她就像个大姐大，喜欢拉帮结派。有一次，她把另一个同学尹珍带去她自己家的大门口，于是我问她："为什么要把尹珍带去你家门口？"结果她竟然大言不惭地回答我："因为她喜欢啊。"然后我就直接问尹珍："你喜欢吗？"没想到尹珍竟然默默点头说："嗯。"从那天起，我就成了班上被排挤的对象。我在学校找恩京搭话，她完全不理我，把我当成透明人，直接跟我身旁的其他同学窃窃私语。从那以后，我就再也没和班上的女同学讲过一句话，然后不断提醒自己："不要太有自己的意见，乖乖待在小团体里就好。”直到上了高中以后，我的想法才有了转变，甚至变得有点偏执。大学时几乎都是独来独往，在公司里也是，但我觉得这样很自在、很幸福，甚至对这样的自己感到欣慰，想要称赞自己有主见，能按照自己的心意行动。

医生 能够按照自己的心意行动是好事，当然，独来独往也并不一定值得称赞，那就只是个人的选择罢了。但是如果这么做能使你留下“幸福”的记忆，那就表示这样的行为使你感到舒适自在。最重要的是继续寻找能让自己舒服的方法。

我 嗯，我明白了。

孤岛

> “我喜欢一个人独处，但是有个前提，要有爱我的人才行；有个会主动关心我的人，我才有勇气独来独往。”

当你表示这个地方令你感到很舒服时，我对于只有自己感到不自在的事实备感煎熬，我也很想在这里感到舒适自在，自然地与人交谈，放心地开怀大笑，然而，从我口中流露出来的话语却总是支离破碎。尽管和你在一起，我却总像个影子，沾染着黏稠的幽暗，整天黏在你身边，模仿着你的一举一动。

我一直都很羡慕你可以时常把“很喜欢”“很舒服”这些话挂在嘴边，也很羡慕你可以放松地开怀大笑，自由自在地喜欢人，喜欢谁就能轻松地接近谁，有一份难能可贵的天真无邪。

第 5 周

讨人厌的自尊感

我现在的感觉是抑郁不伸，用“抑郁不伸”来形容刚刚好。虽然“内心”已是如此痛苦，“大脑”却不想要这样，内心和大脑双方宛如猛兽般龇牙咧嘴、怒目而视。当两种截然不同的情感同时出现在一个身体里时，我的存在本身就会顿时瓦解。等双方争得面红耳赤以后，我习惯照照镜子，看看刚打完内心之战的面孔、泛红失焦的眼睛、凌乱不堪的刘海、实在不知道该以什么心态过日子的黯淡表情，简直活像个混浊不清的存在。我感受到自己的心情已经跌落谷底，好不容易维持的精神平衡也再度崩塌瓦解。

医生 这几天过得好吗？

我 本来都好好的，星期四和星期五不太好，然后又没事了。

医生 不太好是因为发生了什么事吗？

我 上次我不是跟您说我认识了一位新朋友吗？那时候您也告诉我，我的焦虑很可能会给对方造成负担。虽然我铭记在心，却很难付诸执行。有时候我们不是会酒后吐真言吗？星期四的时候我和那位朋友喝酒时，就聊到大学最后一学期本来很要好的那位同学的事情，然后我又不小心讲出了内心的焦虑，明明之前已经对她说过一次了……之后我就一直对这件事感到非常懊悔。

医生 朋友当下的反应如何？

我 她只是说了句："是吗？原来这样。"大概是这样的反应吧！因为我一直在重复一些已经对她说过的事情。当天凌晨我因为这件事感到非常郁闷、后悔，然后到星期五的时候又没事了。我上次不是跟您说，只要我喜欢某人，就会开始担心对方会不会轻视我吗？再加上我非常依赖我姐姐，经常被我姐姐照顾，所以不论是在友情还是爱情里，我都是站在接受方，而非照顾人或帮助人的付出方。但是面对这位朋友，我第一次产生了“想要为她做任何事”的念头。

医生 难道是因为你从对方身上看到了自己的影子？

我 这倒不是，不太一样，她是一个不习惯展现情感的人，而我是比较习惯展现自我的人，我可以把内心感受、情感，转换成语言好好传达出去，但她不擅长这么做，她自己也承认。正是因为我发现她属于会压抑情感的类型，所以才开始有点担心。这是我在书上看到的一段话：“情感也是有出口的，如果我们一直因为它是负面情感而选择压抑、掩盖，最后就会导致正面情感也难以正常展现，也就是情感出口堵塞的意思。”我也告诉那位朋友这番道理，但是自此之后，那位朋友就开始发一些信息给我，明明都是不怎么重要的鸡毛蒜皮的小事，也会发个十几条过来，让我觉得有点烦。

医生 你会觉得烦？

我 对。

医生 可是直到上星期你都还没觉得她烦，不是吗？

我 对，我的脑海中一直盘踞着“难道是因为我对她好，所以让她觉得可以开始对我随便了？”这样的念头，所以星期四那天才会让我更加痛苦。星期五那天之所以会好转，是因为我知道自己很爱胡思乱想，所以我告诉自己：“重新回想一下吧！”然后我发现那位朋友本来就是那样的性格，我告诉自己：“她原本就不是走亲切路线，她是因为跟我关系变得要好，我令她感到舒适自在，所以才会放心对我说那些小事，不是因为觉得可以对我随便。”然后我又告诉自己：“就算她真的觉得可以对我随便，那又怎样？情有可原啊！”

医生 你有没有想过，也许是因为自己又说了大学同学的事而使你感到懊悔、痛苦？

我 我星期四的时候的确是为此感到后悔，甚至自责为什么我老是惹人厌烦，但是转天，星期五再见到那位朋友时，她对待我的态度没有任何改变，所以又让我安心不少，她要是第二天变得对我有些疏远，我就会笃定是因为“我又说了大学同学的事情”导致。

医生 你还真是没有中间值。

我 是啊，总是非常极端，我是“白极端” 。

医生 你本来一直担心别人会对你感到厌烦，但其实你已经对自己感到厌烦了，是吗？

我 对，我就是对于自己这种双重情感感到奇怪，所以才会对您说这件事。上次您不是说，“朋友选我当朋友”这件事会引发我内心的责任感吗？当时我没有承认，但是事后回想好像真的是这样，我会觉得“因为她选择和我当朋友，愿意对我敞开心扉，所以我要对她更好”。

医生 其实只要不是阶级社会，就不存在谁选择谁这种权力关系，彼此只是相互吸引而已。我们谈恋爱时也会偶尔位居上风，偶尔甘拜下风，对不对？

我 是，我就是讨厌那样，所以最后我都会选择和最喜欢我、最让着我的男人交往。

医生 我觉得是因为这位朋友对你展现出她的一些弱点，所以你也产生了些微的优越感。再者，就算这位朋友在听你说完大学同学的事情后，对你的态度有明显不同，也很可能是出于其他原因，而你却总是想到最极端的结果，其实大可往不同方向设想，也有可能两种极端共存，但你往往是用最极端的方式帮人打分数。最终，你的态度就会变得取决于别人的态度，对方为你付出多少，你就回馈多少，这也会让你感到十分痛苦。

我 对啊，我每次都会想："我是在用真心对待这个人，但他会不会只是因为觉得孤单寂寞，所以选择和我在一起？难道是因为我看起来比较好欺负？"每次只要这么一想，心中就会马上涌现"算了，那我不要和他在一起了！"的想法。

医生 你的那份焦虑不安会使对方更加焦虑，因为对方很可能在下意识里和你有相同感受，宛如磁铁般靠近你反而会使关系疏离，远离你又会使关系紧密。我想奉劝你不要再过度强求人际关系，其实反过来想，你可能会嫌对方很烦，同时又很享受对方的关心也说不定。

我 对，就是这样，又烦又很享受，我看我就是个变态吧？

医生 怎么又说自己是变态了，每个人都是这样的。你只要把这种矛盾心理当成捍卫自尊的最后手段就好了。

我 所以我这样没问题吗？

医生 是的。

我 我们家不大，现在大家不是光听阳台面积就大概能猜到室内面积吗？我一直对自己住的地方感到丢人，但其实更让我觉得丢人的是有这种念头的自己。所以长大成人以后，我都会刻意地假装无所谓，坦然地告诉大家我的住处，但是我发现姐姐和妹妹会谎报我们的住处，于是我问她们："为什么要说谎？"她们竟然云淡风轻地回答："反正这里和那里都差不多啊，没有必要告诉别人我们家真正的地址吧。"但我觉得说这种谎很有罪恶感。

医生 如果说谎是为了让自己心里更好过一点，那也是情有可原。

我 是啊……

医生 其实你一直有一把过度理想的尺子，在努力让自己达到那样的标准。惩罚自己的方法有很多种，而这也是其中之一。

我 医生，从您专业的角度来看，我的状态有好转吗？

医生 还不错啊！

我 我也觉得自己的状态变得比以前更好，现在在公司也蛮自在的。

医生 可能是因为你多了一位很"烦"的朋友吧，你不是说那位新认识的朋友很烦吗？

我 我经常觉得烦，不论对谁都一样。或许我干脆用“她讨厌我又怎样？嫌我烦又怎样？”的心态与人维持关系，会更好些？

医生 可是究竟有哪些行为可以代表“她讨厌你”或“她喜欢你”呢？就像你觉得那位新朋友烦，也是因为你讨厌她的行为，而不是讨厌她这个人。但是现在的你，正在把对方的行为一一解读成是在“拒绝”你。

我 我总是这样，就连对方的一颦一笑，我都会解读成“她可能已经不喜欢我了”。

医生 明明可以想成是其他原因，你却总往最极端的方向去想，甚至把同样的标准套用在对方身上，等于是被自己的念头困住。

我 的确，最近总是会想得很极端，也让我动了一个念头：想要维持一段相对健康的人际关系。

医生 不论和谁做朋友，都没有绝对的一条线，偶尔也可能会心有不满。我希望你可以分清楚对方的部分与全部，不能因为喜欢对方的某个部分就全盘接纳，讨厌对方的某个部分就全盘否定。尽量多去尝试往不一样的方向思考。

让自己不依赖任何人

> “情感也是有出口的，如果我们一直因为它是负面情感而选择压抑、掩盖，最后就会导致正面情感也难以正常展现。”

我觉得自己好像开始依赖医生，对于现在的我来说，医生就像是那条绝对的线，因为他是专家，也会提供解决对策。

我想放下那些旧有的情感，这是为了让自己变得幸福，而不是为了看起来与众不同（当然，自认与众不同是很重要的一件事）。比如：被他人的情感和行为支配，错误的思考方向导致情感两极化，反反复复的行为规范限制了自己等，这些习惯我统统都想打破。我想成为人生的主人，想怎么做就怎么做，过无悔的人生。

用极端的情感把自己逼入死角，我会变得幸福吗？那么严格地评价自己，对我有什么好处？其实有时候为了守护自己，也需要一点自我合理化，我却因为想要客观看待自己而长时间将一把刀子架在自己心上。从今以后，我要练习的是不再被“一定要这么做”的公式束缚，给主观的自己一些认同。

第 6 周

怎么做才能了解自己?

医生 最近过得还好吗?

我 还不错。

医生 白天都没有打瞌睡吗?

我 对，晚上都睡得很好，中间虽然醒来两三次，但是昨天晚上也睡满了十个小时。不过每次只要喝醉酒醒来，就会很想念刚分手的男友，喝醉酒的当下倒还好，请问我到底为什么会这样呢?

医生 对方还联络你吗?

我 不联络了。

医生 要是你完全不想他，那才奇怪，毕竟你们也曾经在一起一段时间，所以不用觉得自己很奇怪。

我　可是人们不都说酒醉后才会展现真性情吗？

医生　也不一定吧，喝醉酒的确会产生一些勇气或冲动，不过有时候也会出现第三种人格。

我　（突然听见雨声）好像开始下雨了。对了，那位新朋友也对我产生了新影响。我们通常和某人关系走得比较近一些，就会想跟对方分享自己喜欢的事物是吧。所以我也读了一下她推荐的书、听了她喜欢的音乐，我发现可以接触到许多新书、新音乐，实在很开心。从下星期开始，我也要去听我喜欢的作家开设的小说课程。

医生　你是自己去上课吗？

我　对。还有上次没选上的Brunch（写作平台网）作家甄选活动，这次刚好被选上了，我好开心，我和朋友约好，每个星期都要在平台上写一篇阅读心得（但实际上也只写过一篇，之后就再也没写了）。我已经有两年没写小说了，这次难得构思了一个短篇小说的架构，觉得心情很好，我是抱着“彻底做一次自己”的想法写的。

医生　去想象一个全新的世界当然会对你有许多帮助，可以减少在现实生活里的冲动，还能达到替代满足的效果。那关于刺青的事情怎么样了呢？

我 我打算今天去刺。

医生 你会和谁一起去呢？

我 我自己去。哦对了，今天我还会去见一名网友，我平时写博客，就只是自己随便写写而已，不知从哪天起，开始有人给我写的文章点赞，我也自然而然地和那些人有了互动，关注彼此，看对方写的文章，但也没到非常要好的地步，甚至根本没有互相关心过。但是就在我开始写心理治疗记录的那天，一个网友在底下留言让我加油，后来我又写了一篇关于“我很忧郁”的文章，那位网友就发信息给我，叫我好好加油，之后还请我吃饭，我们聊了几句，就相约星期六见了。我也说不清当时为什么会做出这样的约定，但总之今晚会和那个网友碰面。

医生 你不会害怕吗？

我 说也奇怪，还真的不会害怕，难道是因为我们事先聊过？按照我原本的性格，应该是会害怕万一对方把我掳走卖掉怎么办，但是这次很奇怪，完全没有担心。

医生 可能之前通过文字聊天，你们多少了解了彼此，但还是要记得注意安全。只要是你自己做的选择，都是好事。

我 要是以前的我，一定会想："什么？要跟网友见面？太不可思议了！"但是这次我一点也没有这种感觉。不过看来还是得请朋友帮我留意一下，如果超过一小时都联络不到我，就直接报警处理。

医生 那干吗赴约呢（笑）？见面时应该会互换联络方式吧？

我 对，我们已经留彼此的电话了。

医生 那就把对方的电话先告诉朋友，不就行了？刚分手的前男友不联络你，你会很难过吗？

我 那倒不会，我打算再过一段时间自己先主动联络一下，如果他真的打算和我分手，我希望至少不是这样结束，实在太烂。

医生 为什么还要再过一段时间呢？

我 因为想平息内心的怒火。最令人难过的是，我绝对没有轻视他的意思，但他一定会觉得我瞧不起他，我怕他会被这样的感觉折磨很久，有点担心。

医生 总之，想要好聚好散是很好的心态。过去你可能会认为“我适合这种人，我需要这种人”，但是现在你很可能会想要认识不同类型的人，以达到平衡；比方说，有些人和初恋情人分手以后会觉得“我再也找不到这种爱情了”，但是随着时间流逝，就会借由新恋情来遗忘那段初恋。现在的你，就像是经历着青春期，你需要做出一些有别于以往的选择，或者明知失败也要去尝试。

我 对，而且朋友们挺喜欢最近的我，都说我变得比以前开朗许多。

医生 比起朋友们对你的评价，你对自己的满意度更重要。

（注：医生说话真犀利。）

我 但是我的状态也不是很稳定……这星期都非常好，我也很喜欢这样的自己，不论是决定重新写作，还是申请小说课程，我对于这星期的自己都很满意。

医生 那希望你的刺青也能一切顺利。

我 一定会的。上次您不是说，明明有那么多好的证据，我却老是专挑不好的来使用吗？后来我回去仔细思考自己为什么会这样，比方说，我被男朋友甩了，我就会心想“他不爱我了”，但是当我阅读时，发现书中提到“每一段爱情的颜色和模样都不尽相同，不要单凭你的想法去判断”时，我又会转换我的想法，认为“是啊，他应该也会有不同观点，说不定另有原因”，但是我会觉得我这是在自我合理化，所以不太想这样。

医生 为什么要从负面的角度去看待自我合理化呢？

我 也许是因为觉得自己在逃避现实。

医生 那是成熟的防御机制，因为你是在为自己的伤口或决定找理由。

我 所以可以用作守护自我的方法吗？

医生 是的，等于是告诉自己做了理性的判断。但是如果出现过度的自我合理化，就会变成另一种问题，目前看起来都还在合理范围内。

我 前阵子朋友找我开导她的恋情，当时我对她说：“你只是他鱼池里的一条鱼，你听说过‘渔场管理’吗？”结果那位朋友竟然没有因为我的话受什么影响，反而还语气坚定地回我：“不可能，那是因为你只是听我说说，你根本不了解我们的关系。”我也想变得像她那样意志坚定，因为一直以来我都是个耳根子软、按照别人的标准去做判断的人。

医生 那就得先做到非常了解自己才行。

我 对，我觉得我不太了解自己。

医生 是啊。

我 我该怎么做才能了解自己呢？

医生 很多人都会觉得我才是最了解自己的人，但是不妨仔细想想：“我真的了解自己吗？会不会像盲人摸象一样，只看见自己想看的部分呢？”

我 那要怎么做才对呢？

医生 要看得更全面、更立体啊。

我 哦！如果可以从多角度看待一个人，也许就没理由讨厌任何人了，我也想过应该这样做才对。

医生 像小朋友们阅读的童话故事，就很平面、善恶分明，但是在我们成年以后阅读的书籍当中，就很少会有单纯用好或坏去判定的人物角色。我希望你可以从多角度、综合性地去看一个人，然后再下判断，看待自己时也是如此。

我 那如果试着写下来呢？

医生 写下来也会有帮助。如果是在现实生活中能够进行的事情，也尽量在当下付诸行动，尝试一下吧。假如今天要去刺青，不妨就把刺青前后的感觉写下来，那么以后就可以找出共同点，发现自己会对哪些事情心生畏惧、对哪些事情感到安心。这可以帮助你更全面地了解自己。

“我”这个存在

> “为什么要从负面的角度去看待自我合理化呢？那是成熟的防御机制之一，因为是在为自己的伤口或决定找理由。”

深入探究自己不是一件容易的事情，当你被负面情感笼罩时更是如此。该怎么形容呢？有点像是明知自己正踩着垃圾，却还是要亲手捡起垃圾来确认的感觉，今天就是这样，莫名其妙地想哭、想依赖人、想忧郁，对于现在的我来说，忧郁是最容易、最熟悉的一条路，也是最贴近的情绪，因为就像每天在同一时间醒来一样，已经成了习惯。

过一段时间自然就会没事了，不对，世间万物都是流动的，所以人生也会像海浪一样有潮起潮落，今天忧郁，明天就会幸福，明天幸福，后天又会陷入忧郁，但是无所谓，只要记得爱自己就好。

我是独一无二的存在，光这一点就已经非常特别，而且也是需要照顾一辈子的存在，因此，必须用爱温暖地、循序渐进地一点一点帮助自己、改善自己才行，偶尔可能会需要停下脚步喘口气，偶尔也可能会需要鞭策督促自己向前行，我相信，越深入探究自己，就一定会越幸福。

第 7 周

认定、断定、失望、离开

医生　这些日子过得好吗？

我　不好，不知从何时起，我开始看那位新朋友的脸色，也深受她影响。我把一本书借给了她，但是我一直很担心自己的阅读品位会不被她认可。

医生　那她的反应如何？不好吗？

我　她用聊天软件发了一些阅读感想给我，但是那些信息在我看来都像是批评。其实就算是批评，她也是在批评那本书，并不是针对我，可是我却觉得自己好像也被她批评了一样，不自觉地脱口而出：“你这人很傲慢，也令人觉得累！”结果对方竟然回复了更难听刺耳的话，最后我因为太受伤，干脆选择已读不回。

医生 当下心情如何?

我 比起失去那位朋友,我反而更在意又遇到了一个瞧不起我的人,当时变得非常忧郁、愤怒,我讨厌自己被人轻视,也讨厌那位朋友。

医生 看来最大的问题还是在于非黑即白。

我 非黑即白?

医生 嗯,你又把自己逼入了死角,然后逼自己只能选择黑或白,要做朋友或不做朋友、非常要好或分道扬镳、选择爆发或选择隐忍。你总是只给自己"Yes"或"No"这两个选项,没有任何中间值。而且你可能一直把那位朋友视为"很特别的友谊",所以一直隐忍苦撑,只为了让这段关系延续。正是因为你并没有用真正的自己去面对她,所以才会感到累。

我 的确,一开始我以为我们有很多共同点,但是后来发现原来我们很不一样,所以才会经常起冲突。每次只要她说出和我意见不同的话,我就会觉得她是在攻击我,让我很受伤,所以为了不让自己受伤,我会尽量配合她的想法,或者干脆选择视而不见。但其实我明明可以试着坦白我的想法,或者和她保持一段距离,不要那么亲密……

医生 现在的你，仿佛把灰色定调成只有一种颜色，但其实灰色还可以细分成很多种灰色，光谱也可能是立体的，你却将它视为一条线。

我 真是惭愧。我每次都会告诉自己“人是立体的”，却总是把人看成平面的，所以才会光看某个人的特质，就认定“他一定是这种人”，然后断定、评价对方，最后再离开对方。

医生 举例来说，即使你很喜欢某位作家写的文章，但是如果见到本人以后令你感到失望，你应该也会从此不再喜欢这个人。

我 （惊）对！就是这样。可是那明明不能代表那个人的全部。

医生 我看问题不仅是这样评价别人，更大的问题是你也会这样评价自己，喝醉酒的第二天醒来以后，你会感到很痛苦也是同样的原因。

我 我总是担心，如果展现出自己较为阴沉的一面，周围的朋友就会纷纷离我远去，但是我却很了解他们的各种面貌，不论是比较笨拙、比较厉害，还是比较内向的一面，就算有些负面，我对他们的喜爱也不会减弱。然而，尽管我是如此看待他们，仍不免担心自己的一小部分被看穿后就会遭人唾弃。

医生 最终还是自尊感的问题，如果你自尊感高、对自己的品位有十足把握，那么就算对方提出质疑或批判，你也会无动于衷，丝毫不受影响。

我 是啊，可见我对自己的品位多没自信，才会想那么多，别人的评价明明又没什么。我的确是个自尊感低的人，很容易受朋友影响，正因为我的立场不够坚定，所以老是觉得对方说的话都是在针对我，明明每个人都可以有不同看法，我却一直要纠缠对或错。

医生 除此之外，还发生其他事了吗？

我 我领悟到一件事，过去的我，原来一直错把爱和影响力混为一谈；因为我是属于优柔寡断的人，所以要不断影响对方才会感到安心，而且如果发现对方深受我的影响，我就会觉得他很爱我、我们的关系非常稳定。即便我的大脑明知彼此都保有各自的主体性才能维持健康良好的关系，可心里却会因对方不受我的影响（这里的影响是指：因我说的话而动摇、有所领悟，按照我的价值观行动、改变、做事。我承认这实在是很奇怪的思维）、太坚定地做自己而感到不安，会觉得对方一定是不够爱我。

医生 这是增强认可欲的行为，当你越想受人影响时，就会越努力地让自己发挥影响力，当对方无动于衷时，你就会加倍努力，最后把自己搞得筋疲力竭。这同样也是非常极端的行为，给自己规定极限，“我一定要对那个人产生影响力，这才代表对方真的爱我”，这种信念非常极端。

我 那我该怎么办呢？

医生 你要更专注于自己，不妨试着具体写下你喜欢什么，还有“别人眼中的我”和“自己眼里的我”有何不同。对于过去一直看别人脸色的事，也可以试着变得更主动积极一些。

我 我其实还是能按照自己的心意去做事的。

医生 真的对所有人都这样吗？

我 不是，我对那位朋友就比较配合，不知道为什么。和她相处时，老是会展现不真实的我，所以感到疲累，要是不这么做，又会对她讲话无礼。

医生 但还是得尽可能展现真实的自己才对。不要在意别人会对你有什么看法，积极去做自己真正想做的事情就好。虽然现在你可能会因为人际关系像三角形一样尖锐狭隘而经常受伤，但是不要忘记十六角形比八角形更接近圆形的事实，当多元深厚的人际关系越多的时候，就越能像圆形一样社交圆融，心里也就越不易受伤。一定会更好的，放心吧。

我 （流下感动的眼泪）好的，谢谢医生。

当天的真相与人生的真相

> "其实从来都没有人瞧不起我，最瞧不起我的人是自己。"

我最常挂在嘴边的一句话是："人是立体的。"然而，这也是我最没有身体力行的一句话。每个人都有很多面，幸福与不幸可以共存，凡事也都是一体两面。其实从来都没有人瞧不起我，是我最瞧不起自己。我重新看了我和那位朋友互发的信息，发现那篇阅读感想明明可以看看就算了，却因为自己已经有先入为主的观念，认为她瞧不起我，所以才会戴着有色眼镜去读那些信息，觉得一字一句都在针对我，于是再故意说一些会激怒她的话来攻击她，只为了让这段关系从此结束。

我希望和我一样极端、老是抱怨自己被人瞧不起、总是让关系破局的人读一读这篇文章。我们每个人都是多面的，那才是全貌，光凭一点就去断定要不要与某人绝交是不合理的。明明大脑非常清楚这番道理，却一直无法铭记在心、身体力行。不幸就像一层油，漂浮在最上层，幸福则沉淀在最底层，值得庆幸的是，人生就像装着这些幸福与不幸的桶，这是最大的安慰与喜悦。不论怎样，我会继续活下去，也会活出自己的人生，这也是最大的安慰与喜悦。

第 8 周

终于出现药物副作用

我很喜欢一个人的时光，无论是躺在房间里看书、思考，还是出门散步、在地铁里听音乐，抑或是睡午觉等，都是我最爱的时光。然而，过去两个星期的时间，我被“无聊”这两个字占据了日常。

那是我第一次感受到在公司的时间竟如此煎熬，我无法专注于任何事情，也无法好好坐在位子上工作，光坐着不动就是一大折磨。最终，我只好在星期五请了半天假，提早下班回家。但是就算回到家，也依旧耐不住内心的焦躁、不安和无聊，当时我怀疑是服用的药物出现了副作用，于是前往医院，最后证实的确是这样。我立刻感到一阵无奈，原来我服用的药物会带来“静坐不能”的副作用。

所谓“静坐不能”，是指坐不住的意思，会一直想要站起来再坐下，或者原地来回踏步，这也是服用精神安定剂之后常见的副作用。

我 药物会产生耐受性吗？

医生 有些药物会。

我 现在是出现耐受性的时机吗？原本吃完药以后，我会觉得身体放松、心情安定，但是现在会一直感到焦躁，之前我一直以为那是无聊。总之，我已经有一个月左右难以专心上班，要是不做点什么事情，就会无法忍受这股无聊感，甚至就连搭公交车通勤的三十分钟也觉得无聊至极，这都是药物副作用吗？

医生 是的，应该是因为上次帮你把一种药丸调升剂量所致，你是觉得一直坐不住，是吗？

我 对，很痛苦，非常非常痛苦。

医生 怎么不早点打电话给我？

我 我一直以为是因为自己讨厌目前的工作，所以容易感到无聊厌倦，但是今天突然闪过一个念头，猜想也许是药物副作用。

医生　我觉得是原本只开给你半粒、后来增加到一粒的那种药丸导致。

我　真的很痛苦。

医生　晚上睡觉时还好吗？

我　要是没吃睡前药或者没喝酒的话，焦躁感和无聊感就会一直持续，让我无法入睡。要不就是好不容易睡着了，又很容易醒来，我都快被搞疯了。要是喝醉了就会睡得比较好一些。

医生　因为酒精多少会降低那粒药丸的副作用。

我　我觉得自己好像一直在依赖酒精或药物。

医生　你应该觉得很难受吧？

我　非常难受，和忧郁的感觉不太一样。我觉得我的认知能力好像很弱，而且自从吃了药以后，白天就变得无法睡午觉，就算睡着了也分不清自己是在现实还是梦境，睡眠非常浅。

医生　我现在给你一粒药丸（注：我吞下了药丸）。那情绪上都还好吗？

我　很敏感。

医生　这是一定的。后来做过一些运动吗？

我　没有，只有每天下班后走路回家而已，走那段路时会觉得心情比较放松，但在公司上班时一直都坐不住，不断往外跑。您怎么没告诉我会有这种副作用呢？

医生　因为那是你本来就在吃的药，我只是把它的剂量调高了一点而已，一般来说应该不会出现副作用才对。而且我也开了防止白天和晚上产生副作用的药给你，你不觉得吃完早上那包药以后会舒服一些吗？

我　有，但是吃完早上那包药以后会很困，真的非常痛苦，这段时间写的日记也都是"难以忍受焦躁和不安"这样的内容。

医生　那你原本以为是什么原因导致的？

我　我一开始以为自己可能是要转变成活泼外向的人，因为当我渴望有自己独处的时间时，就算真的让我独自一人，也只会短暂地感到舒服，马上又会觉得无聊，感觉自己变得很尖锐，和周围的人也处得不是很好。

医生　因为身体不舒服，自然会比较敏感。两个星期前你来找我咨询的时候，我是为了防止你不要继续钻牛角尖而增加了药物剂量，完全没想到你的身体会不适应。

我　那可以帮我重新调整剂量吗？

医生 当然可以。

我 我只要一停药，就会明显感到焦躁，所以另一方面也很担心自己是不是要吃一辈子的药。

医生 你现在已经吃了三个月左右，通常治疗时间会因症状程度而异，但是痛苦的时间越短，治疗时间也会跟着缩短，我建议你不妨把时间设定得长一点。

我 好。我好像每次都向您抱怨同样的问题，您也总是给我相同回复。这应该是因为我的个性迟迟未改，所以才会一直面临同样的问题，对吧？

医生 你现在说的这点很重要，有些行为是在自己不知不觉的情况下发生的，但是现在的你会意识到“原来我一直在重蹈覆辙”，光是这件事情本身就表示已经达到治疗目的。

我 因为我的问题在于一直都很极端，没有中间值，所以我一直很想尝试让自己不要那么极端，也不想和吵架的朋友撕破脸。我后来坦白地对她说：“我觉得你瞧不起我，加上我这个人很极端，所以只有两种选项，试着理解你或者和你翻脸。”当我说完这番话的时候，感觉心里的一块石头终于落下了，最后也和那位朋友把话说开来，重新和好了。

医生 那很好啊，这种友情也许是你第一次经历，当你这么做的时候，会让自己变得更自由，彼此也可以一起分担责任，要从非常正面的角度去看待自己愿意鼓起勇气化解问题这件事，然后把现在发生的事情都怪罪于药物也无所谓。

我 听您这么说我就放心了。过去一个星期我什么工作都没做，真的是很可怕的副作用。

医生 专业术语叫“静坐不能”。

我 我还想过不能再继续这样下去，所以刻意让自己投入在某件事情上。例如，我现在做的是营销工作，但是想要调岗当编辑，所以开始听一些编辑讲座。

医生 你有办法专心吗?

我 很难，听讲座前我都要先小酌几杯才有办法专心，但我的确觉得策划一本书很有趣。我试着写过三份策划案，蛮好玩的，也策划过自己想出的书，这些事情多少带给我一些安慰。

医生 那你身上的刺青会不会也受副作用影响呢?

我 不知道，虽然是按照原定计划去刺的，但当时的确有想过："好想赶快把这件事情处理掉。"

医生 你只刺了一只手臂吗？

我 对。

医生 那你在确认爱情时，通常会用哪种方式呢？

我 我会表示自己内心的不安，例如："你喜欢我吗？""不知道，我很焦虑。"类似这样的表达方式。

医生 还不错，至少会表达。我看药物对你的身心状态应该是有一定的影响。

就算是微不足道的小意义

> 有些行为其实是在自己不知不觉的情况下做出来的，但是现在的你会认识到“原来我一直在重蹈覆辙”，光是这件事情本身就表示已经达到了治疗目的。

我总是把痛苦或不自在归结于自己太自卑，就算站在痛苦面前，也不停检视自我，尽管已经切身感受着痛苦，也还是会先在意别人的眼光。觉得明明忍一下就会没事，可是我却很没用，连这点痛苦都不能忍，我讨厌这种感觉，甚至有点羞愧，所以药物副作用的症状拖了这么久才被发现。

我经常觉得自己不幸，虽然我知道这是一种自我怜悯，但是今天我想好好安慰自己，安慰那个就算痛苦也说不出口、感受不到痛苦、身心要不断呐喊才会被我发现出了问题、就连感到痛苦这件事也要责怪自己的我。我每次都把自己当成箭靶，就算跑出去攻击对方，最后受伤的人也还是自己。因此，当我越去撕咬对方，自己就越被搞得遍体鳞伤。但无论如何，这是别具意义的一周，我尝试在自己的世界里设立中间点，也发觉了药物的副作用。

第 9 周

过度的外表强迫症以及表演型人格障碍

医生 这星期过得好吗?

我 好一些了。(药物副作用消失了。)

医生 周围人的反应如何?

我 上星期我一直对公司同事嚷嚷着想离职,后来我告诉他们是因为药物副作用以后,他们也感到非常吃惊,他们原以为是我的工作太辛苦,才会不停地发牢骚。我后来也问过男朋友:“我前阵子很敏感吗?”他说:“有一点,但不严重。”我现在感觉好多了。

医生 所以上星期应该很煎熬吧?

我 对,非常煎熬,而且我到现在还是很不想工作。

医生 没什么特别的事情吗?

我　没有。我今天打算说一件从来没对任何人说过的事，您听了以后可能会觉得没什么，但对我来说是困扰已久的问题。您也知道，我的自尊感很低，所以会特别在意别人如何看我，这样说虽然很丢人，但我真的对自己的外表很没自信，也有严重的强迫症，我讨厌自己的长相，比方说，我会因为害怕别人评论我的外表而不敢去和男朋友的好哥们儿见面。

医生　你看其他人的外表时也会这样吗？

我　您是指我会不会对别人的外表品头论足吗？

医生　对。

我　当然会啊，因为我也经常被其他人评论长相。

医生　什么意思？

我　这样说有点好笑，但是站在我的立场就是如此，我经常被人评论外表，感觉那就是一种语言暴力，那些话真的伤我很深，我希望任何人都不要谈论我的外表。我临时鼓起勇气说出这些话，听起来好像没头没尾，直截了当地说吧，通常女人会觉得我长得挺漂亮，但很少有男人这么认为，所以我不是什么万人迷。有时候公司的女同事就会故意用“她是我们公司最美的员工”来介绍我，我实在讨厌这种头衔，因为这也算是一种外貌评价。去年夏天，我去见朋友和她的男性朋友时，我那位朋友就用这种方式介绍我，当时我连忙反驳：“干吗这样说？明明就不是！”但是朋友一副无所谓的表情，回答我：“这有什么呀？这只是我个人的主观评价啊！”然后她的那位男性朋友语带嘲讽地说了一句：“听说您是全公司最漂亮的员工？”我听了以后超级尴尬。

医生 你觉得那是嘲讽的语气吗？

我 我觉得是。因为那个男的后来还说：“不过……你不是我的菜。”当时我觉得既委屈又生气。我经常遇见这种事情，所以才老是觉得自己不是男性认为漂亮的类型，但是我又很难接受这样的想法，觉得很别扭，这也成了我很自卑的因素，您能够明白我的意思吗？

医生 嗯。

我 那您干吗摆出一脸茫然的表情？（我怎么说话这么呛人。）

医生 不不，我只是觉得……有点复杂。

我 我男友说，我是他的理想型，所以在他眼里自然是漂亮的，也会经常与周围的人分享我的事情，但他越是这样，我就越不想见到他的朋友们。昨天我出去遛狗，顺便去了一趟男友家，他和两个朋友合住，我当时以为只有他自己在家，结果没想到去了以后才发现，竟然还有另外两名室友，我当时几乎素颜，什么妆也没化，自然心跳加速，连正眼都不敢瞧他们一眼，最后只好迅速地打过招呼便走了出来。出来后我对我男友说：“我刚才表现得太尴尬了，因为人实在太多。”男友安慰我：“是因为人太多了吧？我也没想到他们会在家。”但是这次碰面真的令我感到羞愧万分。

医生 有必要满足所有人对你外表的期待吗？

我 那是很主观的领域，所以自然不可能满足所有人，我自己也知道，但很难不受影响，我真的会因为这种问题而感到自责。其实就算是明星、艺人，也不可能讨所有人喜欢，我又算哪根葱，其他人凭什么都得说我漂亮？我自己也知道这样的想法根本不合理，很讨厌自己这样想，却又一直改不掉。

医生 那你认为你的外表如何？因为你刚刚说，通常女人会认为你长得漂亮，但男人并不这么认为，所以你是以男人的视角来看自己的长相吗？

我 对，所以我很讨厌我的外表。

医生 讨厌到想要动手术的程度吗？

我 之前想过隆鼻，也想过削颧骨。

医生 那你实际去打听过这些手术吗？

我 打听过啊，我还去整形外科咨询过。

医生 那最后为什么没有做呢？

我 我在想真的有必要这样做吗？最后是接受我的长相、爱惜我的外表这份意志阻挡了我去整形。

医生 你没有想过长这样已经算不错了吗？

我 有时候的确会这么想，但大多数时候不会这么认为。我和朋友们组织了一个写作的社团，他们都不是需要我费心讨好的对象，所以我在他们面前总是表现自如，一点也不尴尬。但是有一天，我的被害妄想症又启动了，上星期我发现有两个男人一直对我朋友献殷勤，我那位朋友本来就很受异性欢迎，所以我当时心想："这两个男人应该也看上了我朋友。"后来我又陷入"他们怎么不喜欢我？应该是因为我又丑又没魅力吧"这样的自责感当中，痛苦不堪（唉，写这种内容真的难受，自己实在太像疯女人）。我讨厌有这种念头的自己。

真正奇怪的是，如果去参加一场聚会时没有任何人对我感兴趣，那我就会觉得快要疯掉，我会等待异性评价我，根据异性的反馈来判断自己的价值。更好笑的是，我对那些男人根本不感兴趣，却又暗自希望他们喜欢我。唉，我实在是很讨厌这样的自己。

医生 那如果情况正相反，你出席了一场只有女性的聚会，但并没有人夸赞你的外表，你会有什么感觉？

我 不会有任何感觉。

医生 真的无所谓？

我 对！

医生 如果她们都称赞了别人，却没有人称赞你呢？

我 我会吃醋，没错，也会吃女人的醋，所以我也会吃公司同事的醋。

医生 那你会因此而花更多心思打扮吗？

我 那倒不会。医生，是不是很少有人像我这样？

医生 很多的。

我 很多？有人也会对您说这种烦恼？我现在觉得很

丢人。

医生 有些人会说得比较直接，有些人则说得比较委婉，但最终都是这个意思。

我 是吗？那我应该算说得比较直接的人，对吧？

医生 对，有些人只重视自己的外表，有些人则是把焦点放在有没有受到别人关注这个问题上。

我 对，我最没自信的地方就是我的长相和魅力，我认为自己是一个缺乏魅力的人。

医生 我不这么认为，正因为你有魅力，所以才会一直是众人的焦点、关注的对象，但是每当你觉得自己不再备受关注时，就会心里不是滋味，是这样吗？

我 到底为什么会这样呢？我想摆脱这种感觉。

医生 你听说过“边缘性人格障碍”吗？

我 没有，我的症状是属于“边缘性人格障碍”吗？

医生 是有一点这样的倾向，就是不论走到哪里，都希望自己是全场的焦点。

我 对对对，就是这样！

医生 这种情况通常分两种类型，一种是为了更凸显自己的魅力而故意穿裸露的衣服或疯狂健身，另一种则认为自己如果无法成为全场焦点就会被其他人讨厌，所以一直自责。

我 那我应该是属于后者。

医生 对，但是你已经认识到自己有这样的倾向，说明你非常关注自己，一般人不太会察觉自己有这样的问题。

我 我的确对这方面有很深的认知，也正因为这样，别人无心的一句话在我听来也会犹如晴天霹雳。举例来说，我参加写作社时摘下了隐形眼镜，改戴有框眼镜去上课，结果大家的反应出乎意料地好，一个朋友甚至说："哇，你戴眼镜真可爱，以后干脆都戴眼镜来吧！"于是我心想："那你的意思是我戴隐形眼镜的时候看起来很土喽？"

医生 是吗？可以这样解读吗？

我 我是不是又很极端？总之，我当时听到这句话感觉不是很好。后来和大家一起拍大合照，有个女孩对我说："你真的很不上相啊。"而且还对其他男孩说："你们不觉得她真的很不上相吗？"结果那些男孩回答："没有啊，看起来挺不错呀。"其中有一个男孩甚至认为照片比本人好看，让我心情变得很差。

医生 所以你觉得自己的确不上相吗?

我 对，因为那张照片里我真的被拍得很奇怪……从此以后我就心想：“我果然是个丑八怪。”

医生 这样就成了丑八怪?

我 我是这么认为的，因为我很极端，唉，真的好想死。

医生 但你总是把极端的那一面隐藏起来，是吗?

我 我隐藏了吗?

医生 可能因为你太了解自己，所以会更想隐藏那些部分。

我 大家都说我性格直爽，但是我仔细想过：“我真的是性格直爽的人吗?”后来我发现，原来有些东西我选择了隐藏，并没有说出来，也就是关于外表这方面的问题，所以我今天想要向您坦承，因为过去我一直都选择了隐瞒、不承认。

医生 要承认这种事情的确不容易，我为什么会说你隐藏呢，你还记得你第一次来接受心理咨询时填写的五百道题目吗?那是为了检测你的性格倾向而进行的心理测试，但是根据测试结果，你是完全没有这种倾向的，所以和我预想的完全不一样。

我 什么预想呢?

医生 对外表的强迫症，以及执着于他人评价的性格倾向。当时的测试结果是没有显示这些倾向的，从你平时的回答里也都没有感觉到。

我 所以我应该是隐藏得很完美喽？

医生 对（哈哈哈）。有时候你会担心其他人认为你不好看，但如果按照你的思考方式，说你不好看就等于说你是丑八怪。

我 对，如果别人对我不感兴趣，我就会直接认为自己是没有魅力的人。

医生 你不觉得这种想法好像一直在反复上演，你一直都有相同感受吗？

我 什么想法？

医生 持续不断的二分法思维。

我 嗯，就是思想很极端，对吧？

医生 我想，任何人都会想当主角，当然，也有些人可能天生就想当配角，但是你现在的思维就像是人生只有主角和临时演员之分，一旦自己没有备受关注……

我 就会变成路人甲？

医生 对，然后觉得自己会被人遗忘，没有人发觉你的存在。

我　嗯，看来真的很极端。我为什么会这样呢？（感觉自己就像钢琴谱上的反复记号，每次都会问医生同样的问题，然后听完回答又忘记。）

医生　这个嘛……很难用一句话来说明，可能是因为你看待自己的视角非常狭隘，属于自我贬低型，你没办法用更多元、更宽广的角度看自己，所以就干脆用二选一的方式，让自己心里好过一些。

我　虽然不太能理解，但我决定以后要坦率一点。今天的治疗记录我也会如实写下来，如果男友的朋友们觉得我长得不怎么样，我会担心男友会不会哪天也觉得我根本不是什么貌若天仙的美女。

医生　你对男友施了什么魔法吗？

我　没有，但恋爱初期不是都会情人眼里出西施吗？

医生　那你自己呢？

我　我自己也是啊。这种事情其实不会受他人影响。

医生　那你听说过“表演型人格障碍”吗？（注：会做出夸张的情感表现，想持续受到周围人的关注。）

我　我有这种障碍吗？

医生　没有，只是有一点这种倾向，但也不完全符合。我只是觉得你会害怕自己被人比下去，其实就算被人比下去，你也可以自己找个台阶下，但你总是把这种事情视为有人在下面扯你后腿，叫你下来，仿佛有一股比实际情况更严重的恐惧感一直在诱发你内心的不安，算是一种强迫症。

我 我其实很会自我客观化，我知道自己长得不算丑，但也不到美女的程度，我知道自己就是邻家女孩那种类型，所以更讨厌自己。

医生 明星不是都很喜欢这样说吗？

我 谁？

医生 像张东健那种大帅哥，都会说："我长得很普通。"

我 对，真是不理解。

医生 可是他自己很可能就这么认为，就像你现在说的话一样，如果有人觉得你其实长得很漂亮，那么你现在说的这番话，听起来就很像在吹嘘。

我 我不想这样，该怎么做才好呢？

医生 强迫自己会有用吗？

我 我曾经试过故意不打扮就出门，什么妆也不化，穿着一身松松垮垮的衣服，只是为了避免别人评价我外表，这样会让我不那么受伤，心里也自在一些。

医生 这番尝试得到别人的认可了吗？

我 好像也没有。

医生 当时没有人说你漂亮吗？

我 啊，好像有人说过。

医生 那还要钻牛角尖到什么地步才肯罢休呢？

我 是啊。我之前有一阵子喜欢女孩胜过男孩，当时我反而摆脱了以男性为主的视线的困扰，觉得反正自己喜欢女孩，也没必要讨好男孩了，就算不被男孩喜欢也无所谓，当时心态上是挺舒适自在的。

医生 这就好比你认为自己“不到丑八怪的程度，但也不是什么大美女”一样，只要你把自己想成“我不属于这里，也不属于那里，从分布图来看，我应该是属于中上的”，不就好了吗？

我 什么意思？

医生 你可以这么想，“我大概属于这种等级，每个人的审美标准都不尽相同，所以在他们眼里我可能是这一等，也可能是那一等”，这样不是很好吗？

我 医生，我经常做这种练习，因为我很了解自己，但是像昨天面对突如其来的瞬间，在没有心理准备的状态下遇见男友的朋友，我就会瞬间忘记这种想法。

医生 你会感到有负担是理所当然的事情，假如换成是我，一直对朋友炫耀我的男友，那他一定也会觉得很有压力。你的问题在于，一直想满足大家对你的期待……

我 （抓住头发）唉，到底有什么好期待的，到底有谁会对我有所期待？真是太荒谬了。

医生 我认为这不是什么需要摆脱的问题，而是要懂得乐在其中，也就是根据自己每天的心情来决定，想要打扮得漂亮一点时就好好打扮自己，不是很想打扮时就抱着“随你们怎么评价我都无所谓”的心态出门。

我 那我想要受人瞩目、受人关心，这是一种什么心态？

医生 我觉得你应该是对于受人瞩目、受人关心感到害怕，实际性格应该并不希望备受关注，如果你真有这种倾向，就会像刚才我所说的，喜欢穿着暴露或者刺一些华丽的刺青，通过实际行动展现。

我 但我没有这些实际行动，对吧？

医生 对，你只是害怕被人比下去。不用总是想着“我不能让大家发现我有这样的一面，必须当作秘密”，你太负面看待这件事情。我们不可能每天都穿得光鲜亮丽出门，有时候会穿得很邋遢去对面超市买个东西，有时候则会精心打扮，每天的情况都不一样，所以真的不用想太多，一直烦恼着：“其他人会怎么看我？”“为什么我会有这样的想法？”有时候你可能会感到失望，认为：对方是不是对我没兴趣？怎么变了？但那也并不代表对方讨厌你，或者觉得你长得丑。

我 我看我是用极端思维活太久了，所以老是会忘记。您上次不是建议我，叫我换个方向思考，试着创造一个中间值，所以像这种情况，我是不是也应该尝试往中间方向思考？

医生 是啊，有很多种方向可以思考，每个人的眼光也都不同。

我 我很喜欢跟自己风格正好相反的脸蛋，虽然我不知道那是我个人的偏好，还是在以男人的视角做判断。

医生 应该是因为你自己没有那一面吧。

我 我很想爱自己的长相，但是因为我喜欢的是截然不同的长相，所以我没办法认为现在的自己是漂亮的。有时候我也暗自想过：“我长得挺美的嘛！”但是每当听到有人夸赞我的外表时，大多时候我都会无法认同。

医生 就像你说的，那些人可能都是美女，但你不喜欢的那种长相的人也很可能是美女。

我 这也够极端的。

医生 只要说那种长相不是你喜欢的类型就好了。你愿意说出这件事，就已经是鼓足了勇气，你现在应该也感到心里舒坦了许多吧？

我 我现在觉得内心很舒畅。

医生 其实恐惧感在只有你自己知道某件事情时才会加剧。与其自己一个人承受痛苦，不如像现在这样对某个人倾诉，说不定会让你舒服些。如果不想见男友的朋友，大可不见。

我 我很害怕见面以后听到他们对我的评价，也完全不想听到他们说我不漂亮。

医生 其实让他们失望一次，下次见面是不是就可以更自在一些了呢？

我 也对。

医生 要是他们说："哇！太美了！"那从此以后不就要一直都打扮得漂漂亮亮给他们看？

我　嗯……也是。所以通常经历过这种痛苦的女性会干脆选择整形吗？

医生　对，罹患表演型人格障碍的人中，有些人是患有身体型疾患的，他们会一直认为自己有问题。举例来说，他们会觉得镜子里的自己是有缺陷的。

我　我好像也有一点这种症状！

医生　哈哈，那是因为你现在听我这么说，才会这么认为，算是一种妄想吧。

我　唉，真希望自己不要变成那样。

矛盾的我

> “其实恐惧感在只有你自己知道某件事情时才会加剧。与其自己一个人承受痛苦，不如像现在这样对某个人倾诉，说不定会舒服一些。”

不论是体态丰腴，还是长相不佳，我都想要认可自己、爱自己，但是这个社会只会用外表或身材来区分优劣，爸爸和姐姐会因为我瘦身成功而对我赞誉有加，可明明那样的身材看起来一点也不健康，我的心情也很差。但另一方面，我又会对身材苗条的自己产生自信。

虽然我认真思考过：“是不是因为瘦下来会更健康，所以大家才会如此正面看待这件事？”但是怎么想都觉得根本原因是如果体形丰腴的话，心里就会变得畏畏缩缩，不能尽情穿自己想穿的衣服，并且认为自己是丑女，所以才会那么执着于减去身上的脂肪。社会舆论过于聚焦人们的身材，我一直很想摆脱那样的议论，却迟迟摆脱不了。我不想变胖，但也不知道究竟为何要承受这种自卑，让自己努力迎合社会的标准。明明是那些歧视别人的人有问题，但大部分人（包括我自己）却又自相矛盾、百思不解。我讨厌被困在这种框架里的自己，也讨厌遇见比我优秀的人就胆怯、遇见比我自卑的人就充满自信的自己。

第 10 周

为什么喜欢我？如果是这样也喜欢吗？

我曾经在网上做过一份自尊感心理测验，结果得出负二十二分的成绩。我一直都知道自己是自尊感低的人，有一阵子我比几年前做的心理检查结果好转许多，我还因此四处向朋友和家人开玩笑地宣传。但其实我的内心感受并不是很好，因为大部分问题一直都让我感到困扰——新局面、别人眼里的我、对别人展现的敌意等，感觉这些问题都已经在我内心深处扎根，再也无法改变。所以我感到错愕，也突然悲从中来，对于我来说，从陌生人身上获得温暖与心安是一件无从想象的事情，也不知道该如何避免责备自己的失误、弱点和缺点。

医生 最近好吗？见过男友的朋友了吗？

我 没有，我男友看完我写的关于外表强迫症的文章以后感到很惊讶，他说他真的没有察觉，叫我不用勉强自己去见他的朋友，但是被他知道这件事情以后，我一方面觉得终于可以松口气，另一方面又感到有些羞愧。

医生 当然喽，这毕竟是你隐藏了几十年的情感，如今却这样开诚布公地说出来，自然会感到羞愧，就当作是一段过渡期吧。

我 我一直以为自己是爽朗的性格，没想到原来也有很多事情都被我隐忍了下来。比方说，男友在我面前发出声音地读那篇外表强迫症的文章，就令我感到十分羞耻，也很讨厌他这么做，可是我却告诉自己：“不，不要感到讨厌，要试着接受。”但内心第一反应仍是：“啊，真讨厌他念出声音来。”所以我尝试按照我最初的想法，告诉他：“我希望你不要念出声音。”最近我一直尝试把原本的感觉如实传达给对方，不让自己陷入二次自我检视。

医生 但久而久之，也很可能会变成不小心将冲动的话脱口而出的人。

我 是啊。我现在努力试着改掉极端思考的习惯，公司里有一位女同事跟我很要好，我们会彼此分享心事，但是有一天，我工作很忙，根本没有多余的心思听她抱怨，她却一直在向我诉苦，我当时觉得很累、很有压力，如果按照我原本的思考方式，会直接联想到“她到底是多么瞧不起我，觉得我好欺负，竟然可以这么无视我的感受说个没完，我又不是她的情绪垃圾桶”！然后再暗自自责：“看来我就是个好欺负的愚蠢的人。”但是这次我是这么想的：“她应该是把我当朋友，觉得跟我说这些事情很放心，所以才会找我诉苦，绝对不是因为看我好欺负。”

医生 嗯，你要是能再往其他方向想会更好。

我 怎么想？

医生 就是往可以提升自尊感的方向思考。如果是我面临同样的情形，应该会想“果然只有我能听她抱怨这些事”，反正这些话也只是在心里说而已，不用担心被人听见。

我 您是鼓励我把自己想得更伟大？

医生 我只是希望你可以多享受一些思维上的自由。

我　只对我自己这样，对吧？对了，说到自尊感，我其实经常在想："又是那讨人厌的自尊感！"因为经常看到"高自尊感会怎样，低自尊感又会怎样"之类的文章，我看书上也经常有这样的观点："要先爱自己，才能爱别人，也才会被人爱。要是连自己都瞧不起自己，别人也会瞧不起你。"我一点也不认同这样的说法，因为我有很长一段时间很讨厌自己，但是一直都有人爱我，而且明明我不爱自己，我却还是很爱别人，这应该和自尊感没有任何关系啊！

医生　那些话的意思应该是指，低自尊感的人会用比较扭曲的观点看待爱情吧。

我　您是指那些不先爱自己的人吗？

医生　对啊，如果不先爱自己，就会心生怀疑，比方说，当你认为自己不漂亮时，听见别人夸赞你长得漂亮，你就会产生"这人为什么要这么说？难道别有居心？"这样的念头。反之，如果你是对自己的外表很满意的人，那听见别人的称赞就能欣然接受。你不应该只因为"还是有人爱我"，就觉得爱和自尊感无关，重点在于你是如何接受别人对你的爱的。

我　哦！原来这才是重点。如果自尊感高，就会从更正面、更健康的角度去看待事情，是这样吗？

医生　对。打个比方，假如有个人喜欢我，那么“我也挺喜欢自己的，要不要试试对他敞开心房？”和“他怎么会喜欢我这种人？实在太奇怪了！”这两种不同的反应之间是有差别的。

我　嗯……真的是这样。

医生　你的自尊感的高低，会让你领略到不同程度的真心，其实提升自尊感没有什么特别的方法，就像你现在告诉我的，如果是原本的你会怎么想，但是现在已经试着努力往其他方向去思考，已经认知到自己在这件事情上所做的改变，就是提升自尊感的开始，毕竟有认知和没认知是截然不同的情况。

我　我本来不知道自己这么极端，就算其他人说我极端，我也会觉得那是因为他们不了解我。

医生　会这样想的人最终只有两种，有句话不是说“两极是相通的”吗？假如过度贬低自己的人和过度抬举自己的人都想找到这个中间值，那么，前者应该会比后者更容易改变吧？

我 后者会更不容易改变吗？

医生 因为后者感受不到需要接受治疗的必要性，再加上他们要减少自己的自信与快乐才能回到中间值，所以自然更难接受别人的建议。有些人甚至会为了证明自己的确不错、寻求专家认可前来找我咨询，因为他们认为自己太优秀而遭人妒忌。

我 我看那种人应该很难治愈，他们会认为所有人都在嫉妒他们。

医生 为了克服低自尊感，有些人会下意识地创造出一个全新的自我，把自己讨厌的一面隐藏起来，只显现出正好相反的一面。看似自尊心很强，但其实内心很容易受伤。

我 原来如此。

医生 当这种症状演变成夸大妄想时，最常出现的症状就是躁郁症，这是为了克服极度忧郁的状态而产生。如果有个人明明昨天还好好的，今天却突然让你觉得“这个人疯了”，那么绝大部分都是因为对方罹患了躁郁症。如果说精神分裂是缓慢进行，那么躁郁症就属于突然出现。要是变得更极端，就会说自己是耶稣、活佛转世。总是幻想着有人要害他，到处找地方隐身躲藏。

我 嗯，那就真的是疯了（但我不知道医生为什么会突然聊到躁郁症）。

医生 不过躁郁症的持续时间不长，所以他们回过神来时会感到更加痛苦。

我 难道是因为实在不想面对现实而选择用这种方式逃避吗？

医生 对。比方说，认真去做礼拜的教徒，某天突然觉得自己成了耶稣，认为自己可以救赎众生。

我 哦！我其实有个烦恼（我直接转移了话题，看来是对上面的话题不感兴趣）。

医生 什么烦恼？

我 我想要减少喝酒的频率，我有异位性皮炎，所以如果喝多了皮肤会起疹子，因为昨天喝太多酒，今天早上起床一看，我的皮肤状态很不好，现在一直很懊悔。

医生 你是什么时候开始想减少饮酒量的呢？

我 我一直都很想减少，但是每天晚上回到家，又会习惯性地喝酒，仿佛这是个固定日程一样。

医生 你觉得喝酒对你有什么帮助?

我 我很享受微醺迷蒙的状态。

医生 那样会使你心里舒服一些吗?

我 对,心里很舒服,写作也会变得行云流水。

医生 所以也可以当它是你写作的一种工具喽?

我 它只占一小部分啦(其实我也有为了写作而喝酒的经历,但真的只是特例,大部分时候都只是单纯想喝酒)。

医生 可是你应该不会为了写作而喝到烂醉吧?

我 对,喝醉的话什么事情都做不了,更别说写作了。我一喝酒通常会控制不住自己,干脆喝到完全断片为止。

医生 独自喝酒的时候也这样吗?

我 偶尔,只是和无酒不欢的朋友一起喝酒时,我会更难控制自己。

医生 看来不要和那种朋友见面就能解决问题了。

我 是啊。有人会为了戒酒而来找您吗?

医生 有啊。

我 通常您都会让他们做哪些尝试呢?

医生 如果是高度依赖酒精的人,比方说,一天不喝酒就会感到浑身不对劲,对这种人我就会建议他直接住院;

如果没到那么严重的程度，我会开一些减缓喝酒冲动的药给患者。

我 我也想要试试那种药。

医生 如果你喝酒的理由是为了让自己心里感到舒服一些，那第二天醒来以后是不是会出现戒断症状呢？我有时候也会开一些药来抑制这种戒断症状的产生，让患者感受到类似于醉酒般的安定感。

我 所以我还不到吃药的程度吗？我只是觉得酒很好喝。

医生 对，反正你也没想完全戒酒，对吗？

我 嗯，我很喜欢喝酒。

医生 你应该只是想要喝得适量就好，对吧？

我 对，因为喝酒也会变胖。我想平时不喝酒，只有周末喝，但一直没有动力去实践。

医生 出于真正需求喝酒和习惯性喝酒是两回事，你可能需要靠意志力才有办法改善，要是真的怎么试都不成功，接受药物的帮助也无妨。或者干脆减少和酒友见面的机会也可以。

我 好……

人生不是非此即彼

> “低自尊感的人可能会用比较扭曲的观点看待爱情吧。你不应该只因为‘还是有人爱我’，就觉得爱和自尊感无关，重点在于你是如何接受别人对你的爱。”

我在尝试准确认知二分法世界，并且努力让自己往其他方向思考。虽然面对我所担心害怕的情侣关系，我还是在以极端思维思考，但是我相信自己会越来越有所改善的。

酒还是一如往常地喝，但因为外婆八十大寿和表哥结婚，我连续两周都没去做心理咨询。我不确定是不是因为没有看医生的关系，我开始出现头痛、没来由地哭泣等症状，心里感到非常不安，也很痛苦，有可能是因为看到李英学事件[①]等各种社会问题，太久没接触这类新闻，导致身心有些疲弱、敏感，甚至想对大街上边走边吞云吐雾的大叔发飙，短短三十分钟内就看见七名吸烟者，而且都是大叔，真的讨厌、讨厌死了、讨厌至极。

① 韩国家喻户晓的刑事案件。李英学自幼罹患罕见疾病“巨大牙骨质瘤症”，被韩国人称为“白齿爸爸”。二〇一七年竟拐骗少女回家泄欲并杀害弃尸。——译者注

第 11 周

我觉得自己很丑

医生 最近觉得怎么样?

我 还不错，只是发生了一件让我心里有点不是滋味的事情。原本公司的 Instagram 账号是由我来运营，但是最近突然改由其他同事接手管理，然后我看到新发出来的照片后，觉得新任运营者比我更擅长做这件事。我觉得就算没有我，这家公司还是会照常运作，我的存在好像可有可无，所以有点沮丧，我好像很害怕与人竞争。

医生 这算是一种竞争吗?

我 难道不是吗?

医生 你是觉得自己快要被社会淘汰了吗?

我 对，我害怕失去这份工作。

医生 那是你自己的观点，就如同别人碗里的东西看起来特别好吃一样，你是不是认为自己擅长的技能太稀松平常了呢？也就是不认可自己的能力。

我 对，我每天只会反省自己，不会认可自己。每次看书阅读的时候，只要发现自己有欠缺、无知，就会感到自责、难过。

医生 就没有哪些部分是被你认可的吗？

我 ……（思考了一会儿。）

医生 或者说有没有哪些部分是不会令你感到自责的？

我 之前看过一本书，是一位母亲写的，她讲述了自己的女儿是同性恋的事情，对她来说，这件事宛如晴天霹雳，非同小可，她认为女儿是不正常的，有些人可能会对这位母亲感同身受，我却不认为她女儿是不正常的，所以对这件事也不会有任何罪恶感，可以欣然接受。

医生 看来你是用温暖的目光看待社会上的弱势族群。会不会是因为你把自己也想成了弱势族群中的一分子呢？

我 我觉得我并没有什么温暖目光……

医生 你是站在自己的立场来看待吧？

我 我只是把自己当成社会中的少数者。

医生 嗯，但是我觉得你一直把自己归类在某个框架里，一旦脱离那个框架，就会有很强烈的认知觉得自己不正常。

我 对。而且我吃的药好像一直都有副作用。

医生 怎么回事？

我 像昨天晚上，我吃完药以后睡着了，结果凌晨的时候醒来，感觉心跳一直很快，心情也很焦虑，然后就像现在这样突然落泪（眼泪奔涌而出）。对了，我的心理检查结果不是出现“伪恶倾向”（会把自己想得比实际情况更糟）吗？于是我开始自责：“你根本就没那么痛苦，少在那里无病呻吟。”但是我又对此感到委屈，所以又想证明自己的状态真的很糟。后来我吃了安眠药和常备药，倒头就睡了。

医生 其实伪恶的概念并不是你想的那样，如果以工作为例，像你就会觉得“公司根本不需要我”，但其实你也许是公司里不可或缺的人，诸如此类的思考模式才属于伪恶。假如你一直沉浸在痛苦的情绪里，最后你的精神也会被情绪所支配。

我 不知道要花多长时间才会好，我觉得很难，每次成功转念时我都会很开心，但是因为长期以来习惯了自责，所以要转念并不容易。

医生 我希望你去尝试做一些自己从未做过的事，我觉得目前你使用的逃离忧郁或空虚的方法不是很有效，你可以试试用更激烈的方式。

我 自我突破吗？

医生 对，你认为这样做会迎来的最糟的结果是什么呢？

我 辞职吧。

医生 原来如此。

我 对了，和夏天时的体重相比，我竟然胖了整整五公斤。

医生 是吗？看不出来呢，有什么特殊原因吗？

我 单纯因为吃太多美食、喝太多酒。

医生 你之前不是也经常喝酒吗？

我 对，所以如果有人看我，我就会觉得一定是因为自己变胖了，他们一定认为我很肥。

医生 那你自己照镜子时也会觉得胖吗？

我 会，我真的很胖。我希望自己就算变胖也可以幸福，但是一直做不到。

医生 以目前的状态，如果再持续变胖，也会幸福吗？

我 其他人应该会嘲笑我、对我评价很低。

医生 所以你希望自己就算变成一头猪，也要过得幸福，但其实大家不会对胖子有歧视啊。

我 不，大家都会歧视胖子。

医生 认为没有做好自我管理吗？

我 光从外表看就不漂亮，所以不论男生还是女生，只要胖就不会受人欢迎。

医生 也许和你吃的药有关，虽然那些药吃了不会变胖，但会促进食欲。

我 您打算将来某天让我停药吗？

医生 这要看情况，还有你的意愿最重要。

我 如果不吃药会很痛苦，我还是更倾向吃药，让自己不那么忧郁，但感觉这份幸福是我用服药后的副作用换来的。

医生 副作用都是需要再做调整的部分。

我 那麻烦您帮我调整一下吧。

医生 当然，总不能让你感到不舒服。只不过，你现在不是觉得日子过得很痛苦吗？甚至觉得自己已经跌落谷底，所以我希望你可以这样想：“幸好还有这些药能帮助我改善忧郁。”

我 好。我还想请问为什么我会突然出现头痛症状呢？

医生 可能是因为吃药导致的。

我 对了，我最近看了一本书，书名叫作《侮蔑感》（关于韩国社会观察的新书），阅读后的心得是，我真的非常容易感受到侮蔑感，也经常让别人感受到这种感觉。之前有一次我去住民宿，第一天同住一间房的室友人很好，但是第二天的室友就很糟，感觉她一直把我当下人使唤，让我心情很不好，通过那本书我发现，因为我的自尊感低，所以很容易负面看待对方的态度，也许当时那位室友只是有点累了，并没有恶意，我却认为她是看我好欺负。我能认知到这个事实，非常有意义。

医生 我希望你不要把问题原因都归咎于自己，即便就是觉得那位室友讨人厌也无所谓。最近和姐姐的关系还好吗？

我 哦，最近姐姐变得不一样了，以前她总是用居高临下的方式对待我，现在居然能把我当成平等的独立个体了。姐姐竟然会请我帮忙买漂亮衣服给她，还会向我咨询事情。

医生 你对于这样的姐姐有什么感觉？

我 以前我总是会把大部分问题的原因归咎于她，然后自己气到大哭，但是最近不太会这样。

医生 我觉得你也有一点借由贬低自我来抬高他人的倾向，比方说拿自己和公司同事做比较，然后只看自己欠缺的部分，等于是称赞别人的同时又责怪自己。

我 但我有双重人格，其实内心是鄙视、排斥那些人的。

医生 嗯，不过这也无所谓，不必太限制自己不可以有这样的念头。

自由死

> **于是我开始自责："你根本就没那么痛苦，少在那里无病呻吟。"但是我又对此感到委屈，所以又想证明自己的状态真的很糟。**

在作家洪胜希的网络专栏"自杀日记"里，有一篇是关于"自由死"的文章，读完以后令我印象最深刻的是，就如同把"闭经"一词更名为"完经"一样，感觉作者也是把"自杀"一词更名成"自由死"来述说，这让我意识到原来有许多词语都带有负面意义、语感和印象，诸如堕胎、闭经、自杀等。

决定自己的死亡或许是一种选择，而非放弃生命，当然，被遗留在这世上的家人一定会承受难以言喻的伤痛，但假如活着比死亡还要痛苦，我们也只能尊重对方选择了结自己生命的自由。我认为我们缺乏哀悼的精神，也缺乏对死者的尊重，那些把选择自由死的人当成罪人、懦夫或失败者的人，难道真心认为坚持活到生命终点才算是人生赢家？人生又何来输赢之分？

我决定辞掉工作，反正人生本来就有潮起潮落、起跌浮沉，所以只能试着坚持下去。

第12周

跌入谷底

无力感指数升高，不想工作，吃午餐时虽然没有刻意让自己成为焦点，但是一直跟大家对不上频率，还是让我有点郁郁寡欢。大家都说我朋友长得漂亮，让我感到有点嫉妒，所以也莫名觉得朋友讨厌，真是无药可救。

我真的是温暖的人吗？我从来都不觉得自己是好人，我只希望自己的高敏感和大惊小怪不要让他人感到有压力就好。

医生 这几天过得好吗？

我 不太好。

医生 发生了什么事呢？

我　我又开始感到忧郁和无力了，而且因为一直提不起劲，所以没办法好好工作。上星期我提离职了，组长问我离职原因是什么，我说是因为精神和身体问题，也告诉她我目前正在医院接受治疗，她对我目前的状态表示理解，也提醒我要是停止工作，很可能会加重内心不安。最后她建议我下星期先请假休息，等十一月再重新开始用更自由的方式工作，如果情况还是不见好转，到时候再来谈是否要离职的问题。

医生　那你还好吗？

我　我当场忍不住哭了出来，因为实在太感谢组长。我在这家公司工作了四年左右，几乎从未请过假，我本来很担心自己即将失去那份上班的安全感，诸如：规律的生活、工作内容、收入等，没想到组长愿意帮我暂缓离职事宜，让我安心不少。但我知道这不是什么长远之计，因为只要一进公司，我还是会回到跟现在一样的状态，认为上班时间很无聊，每天都在咬牙苦撑。我不知道为什么会变成这样，这种状态已经超过两个月了。对了，明天我会一个人去庆州旅行。

医生　下班后的状态呢？还好吗？

我　没什么活力，从公司走回家的那段路程是唯一会让我感到快乐的时光，在家则持续呈现无力状态。每当脑海中浮现“要不要做点什么事？”的念头时，马上就会心想：“算了，什么都不想做。”

医生　那最终你会做什么事呢？

我　只会暴饮暴食，自己一个人吃很多零食、巧克力，也会喝很多酒，再崩溃大哭。尽管如此，我还在担心身材变胖的问题，所以压力更大，我的一切都变得乱七八糟。

医生　那和男朋友的关系还好吗？

我　只有和他的关系还不错，和他在一起也是唯一会令我感到心神安定的事情，他几乎能接纳我的全部情绪，尽量陪伴着我，所以我也很依赖他。

医生　等你习惯了以后会不会又感到厌烦呢？

我　至少目前觉得还不错，以后就不知道了。

医生　还有发生其他事吗？

我　我之前不是说我在公司负责运营社交网站吗？原本那些需要上传的内容都是我在策划，但是因为时间有限，没办法全部由我一个人执行，所以开始改由策划组和营销组一起进行。一开始合作的时候都还好，但是到后来随着工作流程日趋稳定，我变成了只是单纯帮忙上传资料到社交平台的人员，明明只要自己再抓回工作主导权就可以，我却一点意志都没有，感觉自己在公司越来越没地位。

医生 以前由你主导这件事情时，做出过亮眼的成绩吗？

我 有过，当时觉得很有趣，成果也不错。组长建议我以后多看些策划书籍，做点有趣的事，我内心也对她充满感激，却还是会心想："我到底在这里干吗？"我觉得很煎熬。

医生 你想过辞职后要做什么事吗？

我 我正在筹备一本书，应该会先把这件事情搞定，之后打算准备自己的事业。总之，我会先领到一笔退职金，我可以先用那笔钱过日子，然后去找机会打工。要是事业没有成功，应该会直接转换跑道。

医生 那你对于准备出书的事情有动力吗？

我 有，已经有一些进度了，最晚会在明年春天写完书稿。

医生 我想也许你的确像组长所说，只是对工作出现职业倦怠，因为工作以外的其他事情似乎并不会使你感到无力。利用这次去庆州旅行的机会，让自己充充电也好。

我 不知道能否充电成功，中秋节休假时我也充分休息了，但是因为老提不起劲，感觉快要发疯。我最近很易怒，精神状态也变得很差。

医生 可能也因为现在正值容易多愁善感的季节，就算不受季节影响，你也需要好好休息。休息的方式很重要，旅行时可以尽量多晒太阳、走走路。

我 好的，真希望可以摆脱这份无聊感。

医生 为什么你会选择一个人去旅行呢？

我 因为要是和别人一起旅行，就需要配合对方的喜好，自己一个人则可以完全按照自己的意思行动。

医生 很好的决定，这是你现在最需要做的事情，拥有一段彻底属于自己的时间。为什么会选择庆州呢？

我 因为我不知道该去哪里，而且意志消沉，正好当时有个朋友发了一些去庆州旅行的照片给我，我看那里的房子都盖得不高，环境也很清幽，所以很喜欢，想要实地走访看看。

医生 其实在全然陌生的环境里感受一下孤独也不错。或许你只是还没有跌到谷底，就好比我们不慎落水，只要脚能踩到水下的地面，就会感到安心一样，至少能踩着地面浮出水面，但是如果不知道水有多深，脚也一直踩不到底，恐惧感就可想而知了。所以不如让自己干脆跌落谷底。

我　什么意思？

医生　就是去感受比现在更大的挫折感和孤单感。我会把开给你的药做一点微调，抗抑郁剂的剂量会减少，让你可以更明显感受到跌落谷底的感觉，还会开一点情绪调节剂给你。最近专注力好吗？

我　有时候可以非常专注，有时又无法聚精会神，反复不定。

医生　那最近经常哭吗？

我　上星期一来拿药时就哭得很惨，昨天也哭了，一个星期大概哭了三次。

医生　你目前的症状看起来和典型的抑郁症不太一样，其实有些成年人也会有注意缺陷多动障碍（ADHD），出现空虚感、无聊感、专注力下降等症状，我会把这方面的可能性也纳入用药考虑。

我　（觉得完全被说中）好的，没问题。

医生　总之，祝你旅途愉快。下次复诊时，我希望可以和你聊聊家人，一些关于姐姐或母亲的故事。

我　好的，回来再聊。

尾声

没关系，没有阴影的人本来就无法理解阳光

到手后的东西，我就会觉得不再有价值，无论是完成了多么困难的任务，还是穿上了一件多么漂亮的衣服，只要我做到了，马上就会觉得不再珍贵或兴奋。这样的心态同样会套用在人身上，当对方越表现出爱我的样子时，我就会越觉得对方无聊，不，应该说不再觉得对方有魅力。

果然问题还是出在自尊感上，医生说是因为我太贬低自己，所以才会一直想要通过别人的眼光来获得满足，但那终究不是我对自我的满意，自然会遇见瓶颈，而且很容易感到厌倦，然后又继续寻找其他人的认同，最后，“某人喜欢我”这件事情本身就会变得无法再满足我。我喜欢的人要是不喜欢我，我会感到绝望，假如有个人深爱着我，我也同样会感

到绝望，因为不管怎样，我都在用别人的眼光看待自己，最终，其实一直都是我在折磨自己。

另外，医生说我对待伴侣太苛刻，也是出于我的低自尊感，正因为我不够爱自己，所以才无法理解对方为什么那么爱我，进而安排许多难度很高的实验来测试对方的爱。就算我这样你也爱我？这样你也爱？尽管对方都愿意接纳，我也还是难以理解。假如对方真的选择离我而去，我又会觉得果然不出我所料，没有人会爱我的一切，然后独自悲伤、痛苦、自我安慰。

该死的自尊感、自尊感、自尊感，我不想再让关系失衡，也受够了不满足于现在、不停纠结于过去、不断期待新关系的我，如果又是因为那该死的自尊感作祟，我实在不知道该往什么方向前进。现在的我，已经到了分辨不出自己究竟爱不爱对方的境地了，我真的无法再继续像这样漫无目的地徘徊，很痛苦，很难受，我没有把握，也不知道该怎么办，一切都很模糊，我已经厌倦了这样的自己。

医生对我说："很抱歉没能给出明确的方法或解答。"但是他也说："如果用掉进一口漆黑的井里来做比喻，你一定要自己扶着墙绕一圈才会知道那是一口井，同样的道理，经历过多次失败，一定会减少重蹈覆辙的问题，那些累积的失败也会变成你内在稳固的基石。所以你现在做得很棒。你是可以看见硬币另一面的人，只是你现在觉得这枚硬币很沉重。”

你问我想要什么？我只想要毋庸置疑、轻松舒服地去爱与被爱。仅此而已。正因为不知道方法，所以才会感到痛苦万分。在我写完最后一次的治疗记录以后，迟迟写不出尾声的内容，思考了好久。也许是因为我一直想要证明自己已经好很多了，或者是因为想写出一些了不起的结语，甚至认为一本书就该漂亮精彩地收尾。

但是写到这里，我依旧讨厌反复无常的自己，不停徘徊在忧郁与幸福之间，也很难从中找到意义。我用这样的状态来回进出医院，转眼间，已经是二〇一八年。

仔细观察，我其实有很多地方已有所改善，比方说，忧郁感减轻不少，面对别人的不安感也降低许多，但是又有其他问题接踵而至。在经历完一连串深入剖析之后，我发现最后又绕回到“自尊感”，因为我依旧是一个不够爱自己的人。

于是我想起阳光和阴影其实是一体的，就如同幸福与不幸是共同体一样，人生曲线是充满流动性的，而且只要我不放弃，就能继续维持生命、微笑和哭泣。

最终，这本书没有提供任何问题或答案，而是以期许收场。我希望自己可以爱人，也可以被爱；想找到不再让自己受伤的方法；想过那种“喜欢”多于“讨厌”的人生；想累积失败的教训，把目光转往更好的方向；想将情感的波澜视为人生的节奏，享受其中；想成为即使行走在一片漆黑的道路上，仍能长时间驻足在偶遇的一束光前的那种人。我希望总有一天，自己可以成为那种人。

心理医师的话

不完美的我致不完美的你

犹记得作者第一次在我面前按下录音键时的画面，她当时是想要回家复习治疗时的谈话内容，因此向我征求录音同意。我并没有思考太久，很快就答应了，但也因为知道自己说的每一句话都会被录进去，所以发言变得更为谨慎、小心翼翼。后来，我收到一份书稿和策划案，内容主要是作者接受心理治疗的过程的记录，当时我有一种全身被扒光站在阳光底下的感觉。我不知道其他人会如何看待我们的咨询内容，迟迟不敢翻阅。直到书籍出版上市以后，我才终于鼓起勇气阅读，结果发现自己有许多不足之处，咨询过程中也有些遗憾，我对于自己未能给作者提供更多帮助感到抱歉。

作者的文字充满生命力，那是在冰冷的就诊记录中找不到的。当今这个时代，要找到自己想要的信息并不是什么难事，书里出现的药物名称、抑郁症、焦虑症、轻郁症等专业术语，也都能在网络上找到相关资料；但我想，在网络上应该很难找到有人不惜面对社会各种偏见，从患者的角度去分享自己为了克服种种病症，一路走来寻求医师协助的心路历程。

这本书记录了一个不完美的人，遇见另一个不完美的治疗者所展开的对话。身为治疗者，虽然我看见了许多失误和遗憾，但是人生本就如此，所以作者、我和各位的人生，或许也因此才有了更美好的可能。**诚心推荐给经历过许多挫折而满心失落、在焦虑感中咬牙苦撑每一天的人阅读。希望各位可以通过这本书，重新倾听至今被自己忽略的发自内心的另一种声音，就算想死，也还是想吃辣炒年糕，这就是我们的真实心声。**

附录

忧郁的良性功能

宛如毒药的一句话——“加油！”

我的母亲一直都认为自己是缺乏自信、不够聪明的人，这从她的话语中不难发现，因为她的每句话里，都一定会出现一些批评自己的言语，例如：我是个路痴、我很蠢、我不太能理解其他人说的话、我没自信、我做不到。

因此，我们家三姐妹也自然而然地遗传到她这样的性格，明显都是内向的人，自尊感也偏低。小时候更严重，我们都是不折不扣的胆小、怕生、内向的孩子。而且母亲不论见到谁，都一定会先自曝我们的缺点：“这孩子就是没自信，她因为有异位性皮炎……”

这也是我们的内心会先萌生出羞耻而非自信的原因所在。随着年龄渐长，我希望自己可以活得坦荡、有自信，不想再畏畏缩缩。于是我对母亲说："妈，我对自己太没自信。"结果得到的回复竟是："为什么会没自信？干吗这样，要给自己多一点自信啊！"当时我无奈地笑了。原来母亲并不希望我们遗传到她的性格，所以才总是对我们的缺点感到愤怒。她希望我们才华横溢，我们却没什么才华；她希望我们可以勇敢地站在别人面前，我们却胆小如鼠；她把自己未能实现的梦想——当空姐、跳爵士舞等，加诸我们身上，期待我们帮她一一圆梦。不幸中的万幸是，她没有太强迫我们一定要照她的意思执行。

不知从何时起，我发现自己会对"加油""找回自信""不要畏缩"等励志话语感到头皮发麻。拜我这内向、容易没自信的性格所赐，每次在学校、职场都会遇到障碍，不论是分组讨论还是上台做报告、开会等，都让我厌恶至极。我以为这些经验能累积出心得，使我越来越能够驾轻就熟，没想到每一次都会让我遇见一连串全新挑战，新的人、新的事、新的主题、新的场所，不论怎么突破，都像一场没完没了的游戏，永远没有终点。

有趣的是，这些话反而能对我起到安慰作用："为什么要强迫自己故作镇定？""干吗要装得很有自信？""紧张就紧张，没有关系。”“不需要什么加油。”

用假象来伪装自己，总有一天会露出马脚，而且我很讨厌装得四不像、装没事的自己。还有什么事情比明明不勇敢，却要装作一副很勇敢的样子更显笨拙的呢（这和努力想让自己变勇敢是两回事）？就如同叫一个没自信的人假装很有自信、叫一个根本不畏缩的人假装畏缩一样，既荒谬又愚蠢，世上还有什么事情比叫一个根本提不起劲的人硬着头皮来加油更悲惨吗？

所以大学时期的我，每次上台报告都会先讲这段话：“我是个很容易紧张的人，所以报告时会脸红，高中时甚至被同学取了个绰号叫‘红人’，所以万一各位发现我在报告时满脸通红，还请多多见谅，不要被我的脸吓到。”然后全班就会哄堂大笑；令人惊讶的是，每次只要像这样先把丑话说在前头，当天的报告就会异常顺利，我的脸也不会涨红。

每当我陷入低潮时，要是有人在一旁叫我“加油”，我就会恨不得一把抓起对方的衣领，大吵一架。其实这种时候，只要有人默默坐在一旁轻拍我的肩膀，或者一起思考有什么解决对策，陪我一起难过、生气即可，有经验的人也可以说说自己的经验，然后告诉我其实没什么，都会事过境迁的，这样就够了。这才是真正的设身处地为我着想，也是真正的安慰、沟通和维系关系。

今天是和作者开会的日子，这是我策划的第一本书，过去从未有过这方面的经验，我必须亲自说明策划内容和方向，具体告诉大家要做成一本什么样的书籍。由于这是牵涉人与人的事情，所以我坐在正观察我一举一动的课长旁边时，一点也不打算隐藏自己本来就容易畏缩、缺乏自信的事实，我不会刻意展现出唯唯诺诺的样子，但也不会假装充满自信、抬头挺胸地发表意见，我只想用自己最真实的面貌来开这场会。每个人的第一次都不可能完美无瑕，也不需要这么做，最终，我只能这样安慰自己、抚慰不完美的自己，不断对自己充满信心地喊话："没有关系，没有特别加油也无所谓。"

"加油""没什么好害怕的""多一点自信"，对于做不到的人来说，有时候这些话简直就像毒药，甚至是在伤口上撒盐，就如同过去十年间所有自我成长类与散文类书籍都改用"安慰"取代"鞭策"一样，我们不够完美也没关系、有点笨拙也无所谓、不用加油也无妨。我今天可能会表现好，也可能会表现不好，这些都是人生中的经验，没有关系。

需要转移观点

每当过度的偏执朝我直扑而来，不满、悲伤、厌烦、害怕压抑着我的行为时，我都会告诉自己：“你需要转移观点。”

我似乎已经看清一项事实：单方面劝自己得过且过，或者不断找自己麻烦，都没有办法使自己感到心里舒适；也领悟到当世上所有动机和尝试都集中在我身上时，会带来多大的麻烦和疲惫感。所以试着转移观点吧，把观点从自己转移至别人身上，从绝望转移至希望，从舒适转移至不便，从多数转移至少数，从有用却会使我憔悴的事物转移至无用却会使我更美丽的事物。

一旦观点转移，就能窥见人生角落。观点会影响你的行为，行为会改变你的人生。我领悟到一件事：**能使我改变的，只有我向外看到的无数件事物。**另外，我也学习到一件事：人生的空缺，是由无数次的领悟所填满。

人生的课题

虽然有无数句至理名言深植脑海，却很难遇见一位真正不错的人，因为要成为一个不错的人（我心目中理想的样子），过程实在太困难，人往往不只本性难改，思想和态度也会因自己累积、衍生出的各种问题而很难改变。就算知道那些句子都是金句良言，但还是很难付诸执行，就算执行了也维持不了三天。文字和行为的性质本就不同，文字容易隐藏，但是下意识做出来的动作却难以隐藏。

大部分人都没办法做到言行合一，无法像修行一样检视自己的态度，很快就会打回原形。所以我特别尊敬那些意识到自己面对人生的态度有问题、通过行动证明自我改变的人。

我在想，看着那些头头是道的文章，会使我内心感到不自在，因为我从来没看过言行、文字保持一致的人，我会怀疑作者的真实面目。最糟糕的是，就算真的遇见这种一致的人，我也会感到不自在，因为会觉得自己顿时变得渺小，担心自己会被那种人瞧不起，或者一眼看穿我的肤浅，也难怪我会对相对单纯、比较纯真的人更有好感。

我现在处于一种尴尬的状态，我的本性忧郁又胆小，不太有远见，也缺乏洞见；擅长的只有反省与自虐，但也仅限于一时，明明头脑很清楚，却很难把轻松习得的知识内化吸收。我看着这样的自己，感到既没用又矛盾。

然而，我心知肚明，就算我讨厌这样的自己、虐待这样的自己，也不会有任何改变。**我只能接纳如此不完美的自己，感受着每次面对自我省察、有新领悟时的那份羞耻与喜悦，并期许自己可以有细微的进步与改变。**

最终，我仍然无法一步跨越到我所羡慕的那些人身边，唯一能使我变得更好的方法，只有慢慢向前迈进——可以保留判断，但不强求，并且接纳自己感受到的无数种情感。毕竟自责也无法使自己一夕之间变得聪明绝顶。

也许人生就是一连串学习接纳的过程，无论是接纳还是放下，都不是人生某个特定时期才需要拿出来的态度，而是

一辈子都需要练习的课题。我必须先接纳生性胆小的自己，才能接纳同样生性胆小却在努力改进的对方。我对自己施加了过度的自我检视，而这也同样会被我套用在对方身上，不停评价对方，用我的标准来束缚对方。

我必须接纳每个人都有缺陷的事实，然后先从接纳自己开始，不能再对一事无成的自己抱有任何期待。我只期望自己每天都能领略、学习到一些新的事物。

爱的问题

如今回想，其实我有许多问题都是靠“爱”来做决定，我没有用理性去分析得失利弊，除了在学校和职场，其他时间都是按照自己当下的心意去做选择。

包括对我心爱的人也是，我连他们的眼神、热情、为爱奋不顾身的勇气都爱，从而用全部的情感去爱对方。尽管在恋爱关系里，我是属于比较被动的角色，但仍用尽了全力去爱，这或许也是我无法按部就班规划未来的原因所在。

我想做个靠爱的力量行动的人，和心动的人交往，感觉对的时候提笔写作，然后听着合适的音乐或看一部心仪的电影。如果在人生的空白里全部塞入理性，那么，我应该也会失去我所拥有的力量。因此，我想当个尽管缺乏理性但依旧充满感性的人。我想要和志同道合、与我同类的朋友一起携手向前。我们无从判断理性与感性的优劣，但是两者的质感绝对是不一样的。我更喜欢也更能够仔细去感受充满爱与感性的质感。

孤独是一处非常特别的场所

墙上挂着一双眼。陌生人的手机里、办公室的隔板上、弥漫在马路上的空气里，都充斥着孤独之眼，一旦它睁开，恐惧也会一起浮现，无数双眼睛就会再次眨动，阅读着我写的文章和我的表情。

对我来说，孤独的场所是十五平方米大小的房间内、和我身高差不多的棉被里、走着走着抬头望去的天空下、漂流在人与人之间时所感受到的异质感界线。我有时会选择无视，有时又备感自责，当我搓着口袋里难以掏出的双手时，当我独自一人待在空荡荡的房间里听着自己的录音时，当我在咖啡馆里看见那些失了焦的双眼时，当我发现自己很害怕别人的视线，但其实根本就没有任何视线朝向我时，在这些场所中打捞上岸的孤独，究竟能否变得特别？这会不会是仅限于艺术家才能享有的特权？

痛苦与安慰

有些时候，我会切身体会到自己的不足，不论是在爱情还是工作上，都会等事后才感到后悔万分："原来我当时没了解清楚，原来当时的我还有许多不足。"这种情感会同时带来痛苦和安慰——再也不能重来的痛苦，和再也不会重蹈覆辙的安慰。如果是工作，安慰的比例可能会高一些；如果是爱情，通常都是痛苦比较多，因为当我意识到不要再重蹈覆辙时，对方往往早已离我远去。

面对再也回不来的爱情所带来的空虚与忧郁，我们能做的事情少之又少。不是默默地继续维持日常生活，就是竭尽所能地挽留一去不复返的情感，抑或是折磨自己、啃食自我。

每当这种时候，我都会选择阅读。没有什么事情比"不停向人吐露自己无解的情感”更折磨人，那对自己和对方来说，都只是毫无意义的情感消磨。但是书不一样，**我可以像找良药一样，寻找和我想法、处境类似的书籍，也可以反复阅读到纸张老旧泛黄。**书从来不会离我而去，更不会面露不耐。它会默默地等待我，直到我找到解决方案、完全治愈为止。这就是书的最大魅力之一。

没有标签的人生

我们公司即将出版一本新书，作者是我曾经很喜欢的作家，负责出版事宜的组长告诉我，二月初会和这位作者一起开会，大家顺便一起头脑风暴，要是有空的话，希望我可以参加，毕竟我是作者的粉丝，又是年轻人，可以多想一些年轻、新颖的好点子。

虽然我很开心有机会参加这场会议，也觉得会很有趣，但是当我听闻“年轻的好点子”这句话时，突然有一种如鲠在喉的感觉。也许是因为感受到压力——也许是我一直纠结“年轻”这个词。

我后来对朋友说了这件事，朋友也不明白：“为什么前面要多加个‘年轻’，难道以她的资历就想不出什么好点子吗？能不能直接省略年轻或专家等这些标签，大家齐聚一堂一起想创意，不是更好吗？”的确，我们的身上总是带有太多标签，我自己也不例外。“年轻”一词在我身上虽然是不可改变的修饰语，但我想谈的是在那些标签背后所隐藏的期待。以学历或大学专业为例，许多人会认为毕业于文艺创作系的人，一定都能写出高水平的文章；毕业于英文系的人，都能说一口流利地道的英语。这些单纯的想法，反而会阻碍当事人的实力发挥，因为这会令他们备感压力。这也是我不想公开自己毕业于文艺创作系的原因。姐姐也向我抱怨过类似问题，就读首尔艺术大学专攻主唱的人总是得承受被人评价的压力，要是唱得好，只会被视为理所当然；要是唱得不好，就会被质疑。我相信一定有很多人都经历过类似情形，所以才会有那么多人没办法在自己当初因喜欢而选修的专业尽情享受，对自己的实力缺乏自信的人，则一直活在自卑里。

今天，我把 Facebook 上的学历和工作经历都删掉了，因为我想要擦去一直贴在我身上的标签，虽然显示不错的学历和工作背景为我带来短暂的优越感，但也带来了不少自卑感，诸如：明明是文艺创作系毕业，写作能力却并不强；明明在出版社工作，却不太懂书等，凡此种种对自我的批判与厌恶。但我也很清楚，这些标签只代表一个人的一部分，不能代表其全部。在公司里认识的人当中，有一位女同事最令我感到嫉妒（她很会画图、写作，充满感性，长得也漂亮），她就是地方大学毕业，惭愧的是，我竟然会想要靠她的学历来弥补我的自卑感。我内心想着：“原来她的学历不怎么样嘛。”用这种糟糕的思维想尽办法让自己看起来比较优越。

虽然这些道理我心里都明白，但不免还是会感受到那些光凭标签就对我妄下评论的人的眼光，而我自己同样也难逃那样的偏见。当我发现令我嫉妒的人原来学历比我低时的那份自我安慰感，当我听闻原本不感兴趣的人竟然是好学校毕业而突然对他刮目相看，以及在那些疏离感里面不停自责的日子，我真心想要改变，不，应该说我相信自己有朝一日一定能改变。

其实我并不知道目前在公司里比较要好的几个同事是什么学校毕业，也一点都不好奇。就算无法彻底改变自己，我也一直在努力改变。

与其只在意自己未能改变的部分，不如把焦点放在已经有所改变的部分，对自己抱有希望。期待某天，大家可以不靠那些标签就能对自己充满自信、抬头挺胸。

梦

我做了一个梦，背景回到了过去，梦里有我、姐姐和母亲，还有其他人，但已经想不起来了。梦里，我举起相机，准备拍下年轻时的母亲，但不论我怎么拍，照片都无法存在相机里，我意识到因为过去已成过去，我们只是停留在一个虚幻空间里，梦醒就会消失，所以才会存不到照片。

梦里的我们都很开心，明明以后不会记得，也记录不了当下，但三个人能相聚在过去的某个时间点，就已经是一件很值得开心的事，也很神奇。年幼的我和姐姐，还有脸上一道皱纹都没有的母亲，当我在记录这段梦境时，记忆也正逐渐消逝，所以已经想不出更多画面。好想再看看母亲年轻、白皙的脸庞。这是一场难过又美丽的梦。

外婆

外婆一直都是个话很少的人，从来不道人长短。有一次，我问她："爸爸身为女婿，你为他打几分？"结果外婆反问我："你觉得呢？"于是我毫不犹豫地回答："零分。"外婆听了我的回答以后只是放声大笑，一直闪避问题，于是我换了个方式问："那如果我找一个像爸爸的男人回来，说要和他结婚，你会怎么办？"结果她斩钉截铁地对我说："不可以！"实在很好笑。

由于我白天要去一趟顺天市，外婆也和我一同出门，我们在路上走着走着，外婆突然问我："是不是因为觉得这里很无聊，所以想去顺天玩？"我一听马上回答："绝对不是，是因为觉得我日后很难再有机会一个人去旅行，所以才决定安排这趟旅程。”可能是因为有些心虚，还特地多说了三次：“真的不是因为觉得在这里很无聊，真的！”其实外婆说的有一半对、一半不对，和外婆聊天很容易突然打住，陷入一阵尴尬的沉默，这里也的确没什么事可做。难得可以陪外婆，我也不想一直低头玩手机或看书。很想和外婆天南地北地闲聊，以前外婆也会讲很多有趣的故事给我听，可是现在她的数据库可能已经变小了，所以话也变得比以前更少。

我们一起走了一段路，最终抵达正在举办活动的会馆前，那里聚集着许多爷爷奶奶，我在那里向外婆道别，给了她一个大拥抱，对她说：“要自己多保重啊！”然后就继续朝火车站的方向走去。每当我回头望向外婆时，外婆都会对我挥手，我也一直频频回头看她，直到外婆的身影小到看不见。

我想起昨天我们之间的谈话，我问：“最近一次感到幸福是在什么时候？”结果外婆回答：“我每天都一个人，怎么可能幸福。”我想也是，于是尴尬地换了个方式重新提问：“那我来这里看你，是不是觉得很幸福？”结果外婆回答：“嗯，很高兴，也很喜欢。”于是我反问：“所以还不到幸福的程度喽？”最后外婆补充道：“高兴、喜欢就等于幸福。”每次只要想到外婆，我就会感到很心疼，有点像是怜悯之心，我很讨厌这种感觉，但如果把它想成是对外婆的爱，心里就会好过一些，毕竟由爱而生的怜悯是人之常情。

老掉牙的谎言

开工仪式结束之后，我和大老板刚好四目相对，我一直都很害怕他，除了因为本来就害怕大人（其实我自己也已经是大人），看起来有权有势的大人更令我备感恐惧——我们老板就属于这种大人。他突然问我今年的梦想是什么，吓得我倒抽了一口气，瞬间语塞。后来他改口说道：“谈梦想太大了，那就说说你今年的目标吧！”于是我回答：“我只有一个小目标，就是把身体或精神维持到健康状态。”后来我又感觉应该多说点什么，于是脱口而出：“我想做一本畅销书！”但不知道为什么，这句话让我羞愧得无地自容、满脸通红，听起来很老套，也很奇怪。

其实我对畅销书一点也不感兴趣，但是感觉如果只回答

“想做几本好书”的话，老板一定会继续细究追问，所以不如直接讲一个不拖泥带水的回答，只是不知为何，这句话令我感到十分羞愧和别扭。我想要变得更率真一点，也羡慕那些不论面对任何提问都能毫无压力、坦率回答的人。

我的小姨

昨天是母亲的体检日，同时也是外婆北上首尔的日子。我只要一想到面对陌生事物会先惊慌失措的母亲，以及婶婶和外婆三个人在大医院里四处徘徊的画面，就会耐不住性子，替她们感到担忧，最后，我决定向公司请半天假，与她们同行。

外婆每三个月就会来首尔一趟，检查一下身体，再领药返乡。因为她住的地方没有大型医院，一开始外婆是在安山市看医生，后来换去首尔永登浦区的医院，现在则是在位于首尔北边的一山新都市看医生，前前后后总共换了三家医院。每三个月，外婆的三个女儿就轮流带她去看医生，先从小姨开始，再换大姨，最后换我妈。

小姨的家其实离我们家很近，但是已经很久没有联络，我问过母亲原因，母亲说她也不知道，外婆则认为小姨一定是嫌她麻烦所以不联络，甚至对此感到心里有点不是滋味。母亲的表情也显得略为复杂，那一瞬间，我的脑海闪过了一个念头："外婆又不是每个星期来，只是三个月来一次，怎么能连一通电话都不打？实在太过分。"

那天晚上，我想起了过去记忆中的小姨，她很喜欢阅读，总是细心照顾外婆和外甥女，但是如今，那些画面都已成过去式。

对于我们三姐妹来说，小姨是非常特别的人，小时候，她代替父亲带我们四处游玩，还给我们讲好多浅显易懂的童话故事。每当父亲要动手打母亲时，我们总是给小姨打电话哭诉，反而不会打给住得差不多远的大姨。如今回想，小姨对于当时的我来说，就像是第二个母亲，她可以令我感到安心自在，甚至比我的母亲还要聊得来，也很聪明。

当我想起过往的小姨时，突然闪过了一个念头："那个人变了"很可能只是一句废话。不论是希望对方能始终如一，还是期许自己不要有太大改变，对于某些人来说，都有可能是非常沉重的包袱。

当人生已经变成只是为了生存，且生存问题的比重高到无暇再花心思在其他事情上面时，再加上时间飞快，最终只能眼睁睁看着许多事情干涸朽烂时，也许期望对方能和当初一样始终如一，是一种既矛盾又自私的心愿。

我试着去想象，小姨的人生很可能就是如此，一点一点地面临危机，将其吞噬，如果没有像我一样去仔细回想，根本不会察觉有异。当她对自己的希望落空时，对周遭其他事物也会意志消沉，变得不想做任何事，不想参与或干涉任何事，最重要的是会变得独来独往，不想和大家一起，失去对人际关系的欲望，让自己彻底变成一个独来独往的人。

明明可以这么容易地察觉，而且我也比其他陌生人更了解她的人生过往，在那当下我却还是先闪过了“怎么可以这样对待外婆”的念头，我对于这样的自己感到有些失望。就算假装没这回事，那个念头还是瞬间蔓延至全身，早上起床时我发现胃不太舒服，宛如是老天给我的惩罚一样。

丽贝卡·索尔尼（Rebecca Solnit）在其著作《遥远的近旁》（*The Faraway Nearby*）中写道：“同理心需要靠学习，同时还需要靠一些想象。”自己内在没有的种子，绝对不可能发芽茁壮，这也是我们一辈子都只能和别人走在并行线上的原因。然而，我们可以靠想象和学习创造出内在没有的东西，同理心便是其中之一。

过去的我一直认为同理心是自然而然会产生的心态，但是我后来发现，当你懂得去创造内心原本没有的东西，能够对他人感同身受时，才是真正的成熟。我们和许多人若即若离，尤其和家人，往往是最亲密的陌生人，也是最陌生的亲人。想象并学习自己难以理解、难以感同身受的情感，是一种对他人的爱的表现。虽然我可能无法百分之百体会对方的立场与处境，但至少要有一颗努力尝试理解的心。

我认为自己有无意识到这一点有着天壤之别，因此，我下定决心先从比较能产生同理心的对象开始练习，也就是过去我很喜欢，但不知从何时起渐行渐远的那些人。

我的爱犬，我的一切

我家有三只狗，浮肿、秀智和大嘴巴，分别是三岁、九岁和十五岁。小时候，我都管大嘴巴叫火箭嘴，因为每次只要电梯门一开，它就会像弹簧一样瞬间蹦出来，宛如火箭发射般活力充沛、迅速敏捷。

每当按下密码锁、打开家门时，大嘴巴一定会坐在鞋子中间，满心期待地迎接我们，在抱起它之前，它都会立起身体，用前爪拍打我的膝盖。不论我吃任何东西，它都能马上察觉，就算我有时候偷吃地瓜，或者很小声地拆开一包零食，它也会瞬间跑来我身边。吃炸鸡、烤肉时当然也不例外。

它的心跳声非常规律，鼻头湿润，眼睛晶莹剔透、炯炯有神，脚掌和腹部一直都是粉红色，还散发着一股淡淡的婴儿香。明明没有人教它，它却知道要在厕所或阳台小便，尿急时还会站在阳台门前不停扒拉或叫唤，示意要人帮它开门。

十多年来，这对我们来说是再理所当然不过的画面，但是随着时间流逝，这番光景逐渐减少，甚至已不复存在。已经没再用颈圈却走得比我慢的大嘴巴，有点重听所以就算打开大门也不再出来迎接的大嘴巴，在房间睡觉时我要靠近它说“我回来喽”才会突然惊醒的大嘴巴，不愿意喝奶也不太爱吃肉的大嘴巴，不论我吃任何东西都已经不会再凑过来的大嘴巴，现在就算它乖乖待着也能明显听见不规律的心跳声，还有蓝蓝的眼睛、干干的鼻子、黑黑的脚底，以及布满斑点、松松垮垮的腹部。它不再因为尿急而抓阳台的玻璃门，最后一次听见它吠叫也早已是很久以前的事。现在的它只是一直睡，不停地睡，甚至睡到让我有点害怕的程度……明明它已经是条老狗，我却一直不想承认这个事实。

每当我看见充满活力的秀智和浮肿时，就会想起大嘴巴小的时候，这让我很心痛。因为每当我打开东西吃时，它们俩就会马上飞奔过来，我轻声细语时，它们也会马上竖起耳朵，通过秀智和浮肿，更让我切身体会到大嘴巴的时间比我的时间走得快许多。

我似乎还太稚嫩，难以接纳一个生命的完整历程，从起点到中间过程再到终点，对我来说是一大难题，也很沉重。我的心还很小，也很负面，虽然很幸福，也很珍惜现在可以和三条爱犬躺在一起的时光，但也感受着同样程度的害怕、恐惧与茫然。

我重新思考关于“软弱”一词，正因为软弱，所以想起那个害怕、讨厌软弱无力的事物的我，但与此同时，也不会改变自己想要为它们负责的真心。它们都是我永远不想道别的对象。

一起

过去曾有一段时期，我只想要沉默不语，不，应该说是非常渴望能够如此，我只想要简单、轻松、冷淡、无感。同理心成了我当时的生活主轴，也是一大片阴影，覆盖着整个日常；不论是在观赏韩剧或电影时、听音乐或看照片时、听着某人的故事或倾听自己的故事时，我都很容易深有同感，宛如“泪点”（punctum，意指极度个人的经验，以致引起情绪波动）一样，没头没脑地冲向我，那是一种既熟悉又厌倦的感觉。

所以我盖了一座名为“包容”的围篱，在里面安全度日。当时我以为是自己主动走进去的，但是从结果来看，我等于是被囚禁在那里面（虽然我很不想用囚禁来形容）。我以为自己会变得幸福，但事实证明并没有。每次我都想证明自己没有错，也一直渴求有限的爱情。我整天开口闭口都是“为什么我会这样”，对这世界和其他人也感到越来越疏离。本来一心想要变冷淡的我，等真的变冷淡以后，我的世界也从此冻结成冰，不论触碰任何一处，都感到疼痛、冰凉、愤怒、怨恨。

如今回想，那是再正常不过的事。因为我盖了一座属于自己的围篱，不与任何人往来，也不与任何人分享，最终，这就跟盖了一座冰冷的城堡一样，过度执着于人们冷漠的一面，人生也变得毫无温暖可言，只剩下满满寒意。那些沉重的情感时时刻刻涌现出来时，都会令我备感窒息，完全没有排解的方法。当时是我第一次寻求专业医师协助，也可以明显感受到自己的状态已经变得不能再与人侃侃而谈心里话。但是自从开始练习说出来以后，就如洪水般倾泄而出。我以为只要对一个人倾诉即可，但发现事实并非如此。

从那时起，我开始练习对家人、朋友、同事、陌生人倾诉内心想法，让自己适时地吐吐怨气，然后听听他们给我的意见，再让自己吸一些新鲜空气。我并不只是做做样子，而是发自内心这么做，感觉自己从充满偏执和怜悯的情感中逐渐找回平衡。

最终，好好过日子的方法就是和大家一起生活，这是我难得和家人出游一趟回来体会到的心得。与人一起是一种利他之心，而这样的心态也会救赎你的利己之心，因为是从“自己”开始，从“我们”结束。因你愿意与我在一起而感动，因不能没有最懂我的你，所以选择在一起；一起误会、一起分享、一起深有同感、一起疏远、一起活在当下。我想，这也许是在充斥着黑暗的世界里，唯一可以放心喘息的方法。

极度阴暗的时期

我总是孤军奋战，战力是一比数十或数百，但是打从一开始，要和自己数都数不清的诸多敌人奋战是根本不可能的事情。当敌人越多，战斗力就越急速下降，也会很快失去战斗意志。不，应该说这场战争根本就不存在，我不可能赢，也毫无把握，甚至不打算赢。我的人生就像一个生活脏乱的主人所持有的包包，里面充斥着乱七八糟的东西，你不知道何时会出现陈年垃圾，也害怕被人看见内部。我的人生也很像使用多年的包包，原本光滑的底部被人任意丢放在地，磨损受伤，但不会有人察觉。只要换个角度丢放，就很可能会被人发现，但也仅止于发现而已。只要没有预算换新包包，就必须小心翼翼、动作别扭地拎着它，才不会被人发现底部早已磨损。当我在写这段文字时，一方面觉得简直就是神比喻，一方面又发现这样的比喻并不恰当。

当我搭公交车时，每次只要有人站在我的座位旁，我就会停止写作，因为那个人的目光会停留在我的手机屏幕上，我担心自己正在写的文章会被他偷看到，就好比满是秘密的日记本一样，我害怕充满黑暗的文章被别人看见。我的精神被一层不透明的膜包裹着，谁也无法看见那层膜背后有什么。透过那层膜所过滤出来的想法和自己的本意截然不同，本意的碎渣则直接在精神里累积、腐烂。因此，我的想法总是不能被打扫得神清气爽，只希望可以在充满碎渣的本意当中，捞到一些不错的想法。这就好比过滤完一坨烂泥，也只会得到一摊污水一样，被我重复过滤多次的想法，也只会是阴沉、黯淡无光的，因此，我会用文字比喻来装饰、隐藏这些想法。像这样被包装过的停滞的想法，乍看之下好像颇有道理，最终也不过是一些微不足道的想法而已。

虽然我会被开朗坦率之人的天真浪漫所吸引，也很热衷于阅读充满正能量的文字，但其实我很焦虑，害怕自己根本无法成为其中一员。我难以接受真正的黑暗，也无法投身在明亮的世界。其实我很希望自己可以成为许多人的宝贵人脉，也很渴望得到满溢的爱与关怀，对其他人抱有高度兴趣，却假装漠不关心。那些假装又缔造出更多的假装，甚至使我分不清，究竟假装的我才是真正的我，还是真正的我就是假装的我？我也分辨不出来，这些想法究竟是出自本意，还是经过筛选过滤？想要故作镇定的精神和一点也不镇定的心相互冲突，使精神失衡，进而创造出坠入万丈深渊的表情，然后做出偏差的举动。为了重新让精神和身体找回平衡，我努力准确地堆叠，但并未能堆出牢固的城堡，结果它们摇摇欲坠，又再次崩塌。

最终，我知道自己不可能重拾自由，但还是沿着这条道路漫无目的地前进，看不见终点。虽然我也尝试过开辟一条新道路，但那里布满锐利的小石子，不论我多么辛苦开挖，也始终变不成一条小径，还把我的脚磨得鲜血淋漓。

虚构

当年，我所具备的技能只有伤透别人的心。我就像黑暗中的灯火一样，可以一眼看穿人们的弱点，也很享受攻击那些弱点的感觉。如果有人问我当初为何要这样，我猜应该是因为我并不了解自己。正因为不了解自己，所以才会难以忍受这世界的自作聪明，看见那些笃定的人就会令我作呕。我可以神不知鬼不觉地从他们的信念中找到弱点，集中火力攻击，看着他们惊恐、溃败的模样，获得安慰。实在是非常恶劣的人生。

询问，掩盖

比起本质，我更重视态度，不，应该说我认为本质是涵盖在态度里的，从一些微不足道的小事里就可以看出真心与否，因此，我才会执着于关注对方的眼神、手势、语气和一举一动。

如果爱上一个人，我会变成好奇宝宝，只是那些提问不一定会用言语来表达，有时候是通过肢体语言散发，比方说，托着下巴朝向我的脸庞、专注在我嘴巴上的眼睛、上下晃动的下巴、中间偶尔反问我的话语，每当这种时候，我只要不停地说我的故事即可，因为对他来说，任何回答都无所谓，就算他没有刻意问我什么，也会自然而然地让我想与他分享心里的故事，让我愿意敞开心房滔滔不绝。

反之，我也想起了无数个让我们吞回肚子里的提问。任何人都会提问，也会接受提问，在我看来，人们其实比想象中还要容易害羞，虽然不是每个人都这样，但的确有许多人会在准备提问的那一瞬间感到语塞或尴尬，又或者是担心对方不愿意被问，所以会因为自尊心或害羞而咽下许多疑问。朋友虽然为我取了一个“提问王”的绰号，但其实我也只是从无数个问题中好不容易选出几个来问罢了，尽管大部分都是隐密、沉重、私人、幼稚又无聊的问题。

因此，每当我遇见就算不用刻意提问，也能自然引导我说出心里话的人，以及就算我不刻意问，也能自动感应到我脑海里的问题，主动对我侃侃而谈的人时，就会很开心、很温暖，感觉我们是心灵相通的。

但另一方面也会感到有些难过，那些被我们吞回肚子里的问题，究竟都去了哪里？会不会消失在我们的内心某处，或者沉淀在我们的内心深渊？还是说会发展成某种行为或习惯？那份沉默会不会阻碍了我与某人的深入联结？我很担心这一点。

浪漫与讥笑

我们经常用一刹那来判断整体，就算是一个几乎书不离手的人，假如正好被我看见他在读 Instagram 上的留言，我就会把他当成是成天只会看留言的那种人。因此，好感与命运是浪漫的合理化，只是因为时间点的恰到好处，使你我看起来与众不同，让我们成为一同迎接闪耀瞬间的幸运儿。虽然这只是偶然，但也是这份美丽的偶然缔结出大部分的姻缘，这是不可否认的事实，所以也不必嘲讽讥笑。

总之，人生往返于浪漫与讥笑之间，每当跨越那条热与冷的界线时，无聊感就会自动销声匿迹。最害怕的瞬间往往是不热也不冷的时候，没空感受热情，也没空冷酷回头。在最常温、最无感的那一刻，我们就像行尸走肉一样。

图书在版编目（CIP）数据

虽然想死，但还是想吃辣炒年糕 / (韩) 白世熙著；
尹嘉玄译. -- 北京：中信出版社, 2020.4（2023.2重印）
ISBN 978-7-5217-1549-1

Ⅰ.①虽… Ⅱ.①白… ②尹… Ⅲ.①心理学—通俗
读物 Ⅳ.①B84-49

中国版本图书馆CIP数据核字(2020)第027662号

虽然想死，但还是想吃辣炒年糕

著　　者：[韩] 白世熙
译　　者：尹嘉玄
出版发行：中信出版集团股份有限公司
（北京市朝阳区东三环北路27号嘉铭中心　邮编　100020）
承 印 者：北京诚信伟业印刷有限公司

开　　本：880mm × 1230mm　1/32　　印　　张：6.25　　字　　数：80千字
版　　次：2020年4月第1版　　印　　次：2023年2月第22次印刷
京权图字：01−2020−0836
书　　号：ISBN 978−7−5217−1549−1
定　　价：42.00元